# 東芝
## 終わりなき危機
### 「名門」没落の代償

今沢真



毎日新聞出版

東芝　終わりなき危機

目次

## 第五章　名門企業の相次ぐ「没落」



## 第六章　指名委員5人で決めたトップ人事の超異例

## 第七章　社外取締役の存在感



## 第八章　東芝は再生への道を歩むのか

装丁／岩瀬聡
カバー写真／高橋勝視
本文レイアウト／タクトシステム
写真／毎日新聞

＊本書に登場する人物の肩書や年齢は基本的に取材時のものである。

# 序

２０１６年5月6日の金曜日。ゴールデンウィークの谷間の平日の夕方5時に、急きょ東芝の社長交代の記者会見が開かれた。この日休みを取れば6連休になる。東京・浜松町の東芝本社ビル39階の記者会見場に集まった報道関係者は、いつもの東芝の会見の半分以下の人数だった。

大企業の社長交代の記者会見は「ハレの場」だ。新しく社長になる人の知名度は、普通は低い。企業側は、できるだけ多くの記者を集め、大々的に報道してもらって新社長と企業のイメージを上げたいというのが普通だ。このため、記者が集まりにくい大型連休の谷間に社長交代の記者会見が開かれることはあまり例がない。

ただ、東芝の場合はさまざまな事情があった。翌週の12日に決算発表を予定しており、それよりできるだけ早く発表したい。社長交代を発表するからには、取締役会を開いて決議しなければならない。東芝は社外取締役が7人いる。連休明けよりも、連休の谷間のほうが日程調整しやすいことがあったかもしれない。

私は毎日新聞が運営するビジネス情報中心のニュースサイト「経済プレミア」の編集長をしている。連休は暦通りに休み、この日は朝から職場にいた。連休の谷間の勤務日は、たまった仕事をこなすのに忙しかった。そして午後3時すぎに東芝から記者会見開催の連絡があった。地下鉄がトラブルで止まっていたので、東京・竹橋の皇居前にある毎日新聞東京本社からJR東京駅まで歩き、山手線で東芝本社に向かった。

定刻の少し前、会見を行うメンバーが登場した。東芝の室町正志社長、それに綱川智、志賀重範の2人の副社長、そして社長選考を続けてきた指名委員会委員長の小林喜光・三菱ケミカルホールディングス会長の4人だ。

司会者が4人を紹介した後、室町社長が、自分の後任に綱川副社長が昇格し、空席だった会長に志賀副社長が就任すること、自らは特別顧問になること、この人事は6

月末の株主総会後に正式に決定することを説明した。

東芝の不正会計が発覚したのはちょうど1年前の2015年5月8日の金曜日だった。この1年間、東芝ほどめまぐるしく状況が動いた企業はなかった。不正会計が発覚するまでは、東芝は間違いなく業績堅調な優良企業だった。世界中で事業を展開し、「どこの企業にお勤めですか」と聞かれれば、社員は胸を張って答えただろう。

ところが、不正会計の発覚ですべてが暗転した。会社ぐるみで不正が行われていたことが判明し、日本を代表する経営者の一人だった元社長・会長の西田厚聡(あつとし)相談役ら、歴代3社長が役職辞任に追い込まれた。不正で覆い隠されたベールをはがすと、東芝の経営は危機的だった。社員は天国から地獄に突き落とされた気分だっただろう。

そして、1年が経った。この連休の谷間の社長交代会見は、旧経営体制の一角だった室町氏に代わる新しいトップを世間にお披露目し、東芝の再生を打ち出す、節目の記者会見だった。

会見に登場した小林氏は、財界3団体の一つ、経済同友会の代表幹事を務める。経営手腕を高く評価され、発信力もある。そして、東芝の社外取締役として、再生に向けた新しいトップを選ぶ難しい役目を負っていた。この日、小林氏は社長・会長選考の経緯を説明したが、歯切れは悪かった。社長になる綱川氏は、不正会計とは関わりはないとされていたが、会長になる志賀氏は、原子力事業の損失を隠していた当事者だったからだ。

質疑で記者からこの点を問われ、小林氏は「若干グレーという思われ方……」という微妙な言い方をしつつ、「今後、本当に強い東芝になるには余人をもって代え難い」と説明をした。私は小林氏と面識はない。会見の場でも、話を直接聞くのは初めてだった。多少言いよどみながら、小林氏は正直かつ丁寧に説明しているとは思った。

東芝のトップ人事は世間から注目されている。社外取締役5人だけで構成された指名委員会で議論し、決めた。小林氏らの選考も評価の目にさらされる。それを十分に意識しつつ、問題があることも踏まえた説明ぶりだった。

だが、私はこのトップ人事は、今の東芝を映す鏡だと思っている。新しく生まれ変わらなければならないのに、過去を引きずっている。そして、何よりも反省が感じられないところに問題を感じている。

年が明けてから、東芝は早期退職の募集や事業売却など、リストラに明け暮れた。一方で経営改革を断行し、企業風土を刷新すると言い、いくつかの施策を実施した。ところが、つぶさに見ていくと、旧経営体制のしがらみから抜け出せたとはとても言えない事柄が目についた。

企業の不祥事が相次いでいる。三菱自動車は2000年と04年に二度のリコール隠しで経営危機に陥り、自ら「最後のチャンス」と言って再生を誓いながら、燃費データを偽装するというとんでもない不正をしていたことが発覚した。なぜ、このような不正が繰り返されるのか。東芝でもそんなことにならなければいいが……。そんな思いを抱えつつ、今の東芝で何が起きているのかを報告したい。

記者会見後、記者の質問に答える東芝の綱川智・次期社長（手前右）
（東京都港区で2016年5月6日）

# 第一章
# 東芝が今も抱える「闇」

# 1 「チャレンジは合理的」歴代社長の反論

ゴールデンウィークの最終盤の2016年5月7日の土曜日、私は職場で各紙朝刊を開いていた。毎日新聞東京本社のデジタルメディア局の3階の窓際に、私が勤務する「経済プレミア」の編集部がある。今日は休日だ。天気も上々。窓から外を見ると、数多くの市民ランナーが皇居のお濠の外周を走っている。

「新生東芝　多難の船出」「東芝、新体制で出直し」。前日の6日に発表された東芝の社長交代の記事には、こうした見出しが躍っていた。東芝の不正会計が発覚してからちょうど1年。各紙とも、東芝の経営立て直しと信頼回復が新しい社長の大きな課題であることを報じていた。私はこうした新聞記事を読みながら、ニュースサイト「経済プレミア」で、東芝の新体制についてどんな記事を執筆しようかと構想を練っていた。

ふと、一つの記事に目が留まった。毎日新聞の社会面に掲載された記事である。「過酷な改善要求『当然』　東芝不正会計　元3社長の反論判明」との見出しだった。前日の社長交代の記事ではないが、東芝の不正会計に関係する記事だ。いったい何だろう。記事の冒頭部分には次のようなことが書かれていた。

「東芝の不正会計問題で、『チャレンジ』と称される過酷な収益改善の指示が不正を招いたとして同社から損害賠償を請求されている歴代3社長が『改善要求は経営者として当然』などと全面的に反論していることが分かった」

この記事に書かれた「歴代3社長」は、西田厚聡、佐々木則夫、田中久雄の3氏のことだ。3人はこの順番で東芝の社長を務めた。そして、15年7月、第三者委員会がこの歴代3社長の利益かさ上げ要求により、東芝は組織ぐるみで不正会計を行っていたと認定した。その責任をとって3人は、当時の役職である相談役、副会長、社長をそれぞれ辞任した。

東芝はこの歴代3社長を含め、旧経営陣5人に対して、総額32億円の損害賠償請求訴訟を起こしている。その訴訟の過程で歴代3社長の主張が明らかになったというのだ。

記事は、次のように解説している。

「不正会計問題を巡って旧経営陣の詳細な主張が明らかになるのは初めて。証券取引等監視委員会が3人の刑事告発を視野に調査しているパソコン事業の利益水増しも否定し、対決姿勢を鮮明にしている」

不正会計が発覚してからこの1年の間に、西田氏や佐々木氏が、この問題について、公式に話をしたことは一度もない。辞任をしてから、公の場にも出ていない。田中氏は当時社長だったため引責辞任の記者会見に出て、「自分は不正を指示したとは思っていない」と発言していたが、辞任後は口を閉ざしてきた。

第三者委員会の報告書は、歴代3社長は「チャレンジ」と称して部下に利益のかさ上げを要求したことを克明に描いた。記事はそれに対する3人の反論を紹介している。西田氏は「チャレンジは財務部署の分析を経た上で行う合理的なものだった」、佐々木氏は「意味合いは努力目標。何ら問題はない」、田中氏は「改善要求は経営者として当然。他社でも広く行われている」と主張しているというのだ。

また、不正を知りながらチャレンジを求めたと指摘されたパソコン事業の利益水増しについても明確に違法性を否定。調達部門出身の田中氏は「上乗せ額は一定だった。調達価格が下がったため結果として割合が大きくなっただけ」と断言した。西田氏は「部品の大量購入には反対したはずだ。会議の議事録を提出してほしい」と東芝側に要求。佐々木氏は「詳細な説明は受けたことがないし、取引はチャレンジがなかった月も行われていた」とトップ主導との見方を打ち消しているという。

毎日新聞の記事には、記事を書いた記者の署名が書かれている。この記事は社会部の記

西田厚聡氏、田中久雄氏、佐々木則夫氏の歴代3社長（2013年2月26日）

者が書いたようだった。歴代3社長が不正会計に対してどう考えているのか、メディアに掲載されたのは初めてのことだ。東芝が西田氏らを相手取って起こした民事訴訟を追っている間に取材した「特ダネ」記事だった。

歴代3社長が、民事訴訟のなかで、このような主張をしてくることはある程度は想定されたことだった。東芝の提訴に対して反論しなければ、32億円という請求額を受け入れることになる。ただ、こうした歴代3社長の主張を、リストラにあって東芝を退職せざるをえなかった多くの社員は、どう受け止めるのか、ということは大いに気になる。また、歴代3社長が、こうした退職者に対してどんな気持ちでいるのかも聞いてみたい。私はこの記事を読みながら、そう思ったのである。

東芝は民事訴訟以外に、もう一つ気にかけなければいけないことがある。それは不正会計問題をめぐり、証券取引等監視委員会が刑事告発を視野に調査を続けていることだ。3月には、証券取引等監視委員会が、田中前社長から任意で事情聴取したとのニュースも流れた。東芝の第三者委員会は、パソコン事業の会計処理について利益の水増しがあったと認定したが、証券取引等監視委員会は、その点を田中前社長に確認したということだった。

田中前社長への任意聴取のニュースを報じた毎日新聞の3月19日夕刊の記事には、「田中前社長は違法性の認識を否定したとみられる」と書かれている。さらに、「監視委は今後、西田厚聡、佐々木則夫両元社長からも任意で事情を聴き、歴代3社長について金融商品取引法違反（有価証券報告書の虚偽記載）容疑で告発するかどうか慎重に検討する」と報じている。証券取引等監視委員会が、こうした任意での調査を行ったうえで、刑事告発という、金融商品取引法違反の立件に向けた手続きを行うかどうか、関係者は固唾を飲んで見守っている。

刑事事件として立件されるかどうかは、証券取引等監視委員会や検察当局の判断を待つしかない。ただ、私は、東芝が本当に再生に向けて動き始めるかどうかは、刑事事件の立件とは別のことだと思っている。

世間には、不正会計が刑事事件として立件され、不正会計の事実関係や原因が法廷で解き明かされることが東芝の再生の出発点になるのではないか、という考え方があるようだ。私はそうは思っていない。刑事事件になるかどうかとは関係なく東芝が不正会計に向かい合い、自らの手で事実関係や原因、背景を明らかにしなければ、本当の再生に進むことができないと考えるからだ。

東芝の経営者は、不正会計には十分向かい合ってきたと反論するだろう。だが、私はとてもそうは思えない。これから次々と示す東芝の現状を見れば、読者の方々には、私がなぜそう思えないのかわかっていただけると思う。

## 2　歴代社長の競争心が引き起こした不正スパイラル

東芝は3月、「改善計画・状況報告書」と題した文書を公表した。これは東証や金融庁など関係当局にも提出した。15年9月、東芝は東京証券取引所から「特設注意市場銘柄」の指定を受けた。舌をかんでしまいそうな用語だが、問題のある企業なので、株式売買には気をつけてくださいと投資家に注意喚起するものだ。上場企業があまりにもひどい問題を起こせば上場は廃止される。この特設注意市場銘柄は、いきなり上場廃止にはせず、1年か1年半執行を猶予し、更生するかどうか見極める、そうした制度だ。

東芝は不正会計が発覚したため、特設注意市場銘柄に指定された。指定を受けた企業は、1年後に東証に「内部管理体制確認書」と呼ばれる書類を提出して、上場維持か廃止かの審査を受ける。もう二度と悪いことはしません、再発を防ぐ体制も整いましたと上申する書類だ。東芝も指定から1年になる9月に、この書類を提出して、特設注意市場銘柄から外してもらう審査を受ける。

今回の「改善計画・状況報告書」は、9月に提出する「確認書」の中間報告の位置づけである。東芝のような大企業が上場廃止になれば、信用不安が広がり、事業継続は難しくなる。つぶれてしまうということだ。そうならないために、なんとしても特設注意市場銘柄から外してもらい、東証1部の指定席に戻らなければならない。「改善計画・状況報告書」はその審査に向けた第一歩となるもので、東芝にとって大変重い意味を持つ文書だ。

全部で54ページ。五つの章で構成される。「経緯」「過年度決算訂正が生じた原因に関する分析」「再発防止策」「当社における開示体制の問題点と再発防止策実施に向けた体制整備及び改善スケジュール」――である。

「経緯」と「過年度決算訂正が生じた原因に関する分析」の二つの章は、第三者委員会の調査報告書の中身と重なっている。社長だった西田、佐々木、田中3氏が「チャレンジ」と称してカンパニー社長らに対して達成困難な損益改善を繰り返し要求し、不正な会計操作が行われた経過が書かれている。

そして、なぜ歴代3社長が無理な要求を繰り返したかについて、「複合的な要因が作用していた」と指摘し、次のように述べている。

「世界経済の急激な悪化や、既存事業の収縮といった厳しい事業環境の下、財務状態も良好ではなかったことから、高い目標を求めねば東芝が生き残れないという強い危機感を有していた」

これに加えて、3社長の個性について、少し踏み込んだ記述がある。

「歴代社長の中には、強烈な競争心を有している者も複数おり、同業他社との業績比較や株価、及び経営目標の達成などに加え、歴代社長に対するライバル意識といった社内外からの評価に対して、強く執着していた可能性があります」「外部に対して公言した業績・株価目標を達成するために、達成困難な改善要求を繰り返し求めたと考えられます」

「強烈な競争心を有している者も複数おり」という記述は、西田、佐々木両氏のことを指している。2人が激しく対立し、そのなかで利益水増しが膨らんでいった原因を、2人の「強烈な競争心」「ライバル意識」によるものだと総括する。第三者委員会の報告書では触れられていない点だ。

ただ、これだけでは東芝不正会計の総括としては決定的に不十分だと言わざるをえない。何が欠けているのか。それは、2011年3月の福島第1原発事故後に、子会社である米原子力大手、ウェスチングハウスで起きた「減損損失計上」の問題にこの2人を含め、東芝の経営陣の一人一人がどう関わったかについて、触れられていないからだ。

## 3　問題の核心・ウェスチングハウス

「改善計画・状況報告書」の話を進める前に、ウェスチングハウスの減損問題の経過について、少し長くなるが説明しておこう。「もうわかっている」という方は、この項を飛ばしていただいて結構だ。

東芝は06年、約5400億円という巨額の資金を投じてウェスチングハウスを買収した。他社と競合し、買収額が想定の2倍以上に膨らんだ。巨額の買収額に見合うだけの収益性があるのか、当初から疑問の声が出た。当時の社長は西田氏。西田氏はパソコン事業出身だ。一方、原子力事業ひと筋を歩んだ佐々木氏は当時、執行役常務で、原子力事業を担当する社内カンパニーの電力システム社社長だった。西田氏と佐々木氏が二人三脚で買収交渉を進めたと言われる。

西田氏は「事業の選択と集中」を経営方針として掲げた。半導体と原子力の2大事業に投資を集中する。ウェスチングハウスの買収はその目玉だった。その後、08年にリーマン・ショックが起き、半導体市況が一気に冷え込む。西田氏は09年に会長になり、佐々木氏に社長を譲る。その体制のなかで、二人三脚だったはずの2人の関係に亀裂が生じるのだ。

そして、11年の福島第1原発事故で、ウェスチングハウスの巨額の買収のときに出ていた疑問が現実のものになったのである。12年度末に、ウェスチングハウスの監査を担当している国際会計事務所アーンスト・アンド・ヤングが、福島原発事故を受けて原発新設需要が世界中で冷え込んでいることを理由に、のれん減損をするよう指摘したのだ。「のれん」はわかりにくい会計用語だ。簡単に言うと、将来、ウェスチングハウスが利益を上げることを前提に計上した資産を指す。利益を上げられなくなったら、資産から外して損失として計上しなければならない。これが「減損」だ。会計事務所は、福島原発事故で、想定通りの利益が出せなくなったと指摘した。

ウェスチングハウスは指摘を受け入れ、12、13年度の単体決算で合計約13億2000万ドル（両年度末の為替レート換算で合計約1276億円）の損失を計上した。本来は親会社の東芝の連結決算に反映させるべきだが、東芝は「原子力事業全体では堅調だ」という無理な論理で反映させなかった。そして、東証の開示基準に違反して、子会社の減損の公表をしなかった。

このころ、西田氏と佐々木氏の対立が頂点に達していた。東芝は13年2月、佐々木氏を副会長にし、副社長だった田中氏を社長に昇格させる人事を決め、公表している。ウェスチングハウスの減損と、東芝連結決算での減損見送り、そして開示違反に、西田氏らがどう関わっていたのか、いまだにナゾである。

東芝はウェスチングハウスの減損を2年半にわたり隠していた。不正会計が発覚した後、記者会見で何度もウェスチングハウスの「のれん」について質問を受けたが、一切口をつぐんでいた。ところが、経済誌「日経ビジネス」のウェブサイトが15年11月に特ダネとして減損の事実を報道した。これを受けて東芝は初めて減損を認めるのである。

## 4 「巨額減損」で責任すり替える経営陣の往生際

東芝が3月に出した「改善計画・状況報告書」に話を戻そう。この報告書には、「原因の総括と再発防止策の進捗(しんちょく)状況」という副題がついている。不正会計の原因を総括し、それを踏まえて再発防止策を進めています、という意味だ。こうした取り組みを通じて、失われた信頼を回復する狙いだ。

第三者委員会が15年7月に公表した報告書は、不正問題の核心である東芝子会社の米原子力大手、ウェスチングハウスに関わる問題を調査対象から外していた。東芝が改めて不正会計の原因を総括したという「改善計画・状況報告書」で、この問題には踏み込んでいるのだろうか。

報告書は5章構成で、第4章「当社における開示体制の問題点と再発防止策」でウェスチングハウス問題を取り上げている。全体で54ページのうち、第4章はたったの2ページだ。このうち、第1項「ウェスチングハウスののれん減損に係る開示の遅延に関する経緯及び原因」がこの問題だ。

この「開示の遅延」と書かれた項目名からおかしい。東芝はのれんの減損を2年半にわたって隠してきた。日経ビジネスの報道で、初めて認めたのだ。隠蔽(いんぺい)してきたのを「開示の遅延」と言い換えるのは、事実のねじ曲げである。

ここには、事実経過が記載されている。11年の福島第1原発事故で原発新設計画が「後ろ倒しになった」。この結果、12年度に約9億3000万ドル、13年度に3億9000万ドルの減損を認識していた、と書かれている。そして、東芝の連結ベースでは、事業部全体の価値が帳簿価額を上回っていたため、のれんの減損は認識されなかったという。これまでの主張の繰り返しだ。

さらに、「ウェスチングハウスグループが12年度に計上した減損損失は、当社の連結財務諸表に影響を及ぼすものではありませんが、直ちに開示すべきであり、開示体制の整備・運用が十分ではありませんでした」と記述されている。

東芝がこの部分で言いたいことは次の通りだ。「のれん減損」は、単体も連結も会計ルールに基づき正しく処理をした。「不正」ではないのだから、会計処理について経過や原因を調べる必要はない。ただ、開示基準の違反があったので、その経緯と原因を調べました、ということなのだ。

確かに、こののれんの会計処理について、ただちに「不正」や「粉飾」と決めつけることはできない。金融庁の公認会計士・審査会が行った、東芝の監査を担当する新日本監査法人への検査でも、この部分をめぐり、検査官と新日本監査法人が激しい議論を戦わせ、最終的には「不正」という結論にはならなかった模様だ。

ただ、私はこの会計処理こそ、東芝の不正会計問題の核心だと見ている。「粉飾」とは言えないが、ウェスチングハウスの単体減損を隠したことも含めて「第二の不正」と言っていいと考えている。東芝が向き合わなければいけない問題だと思っている。

ところが、東芝の「改善計画・状況報告書」は、次の短い文章で、この問題をあっさり終わらせているのだ。

「開示体制の整備・運用が十分ではなかった原因として、財務部門において連結損益に影響しないことから、開示を要するという発想に至らなかったため、それ以上手続きが行われなかったことが挙げられます」

これが数億円のことだったら「財務部門において発想に至らなかった」という総括でいいのかもしれない。しかし、1000億円規模の巨額の損失なのだ。いくら東芝が大企業でも、財務にこれだけの穴があけば、経営の根幹が揺らぐ。

この問題に、経営トップが関わっていないはずはない。ウェスチングハウスの最初の減損は12年度、すなわち13年3月末に処理された。西田会長、佐々木社長の体制だった。そして、その直前の2月に田中副社長が次期社長に内定していた。

このとき、担当役員はこの3人にどんな情報を上げていたのか。3人はどんな反応を示し、指示をしたのか。このとき、西田会長と佐々木社長の亀裂は決定的になっていた。このトップ2人の間で、減損問題について話をしたことはあったのか。

第三者委員会は、この大事なポイントについて意図的に検証対象から外した。第三者委員会に調査を委嘱した、田中氏ら旧経営陣の意向である。今回の「改善計画・状況報告書」でも、このときのトップや担当役員の動きには一切触れず、「財務部門が開示の発想に至らなかった」で済ませているのだ。

そして、「開示に対する会社としての基本理念が明確にされていなかった」「全社的な情報収集・開示の判断・承認のプロセスが明確に規定されていませんでした」「情報取扱責任者と関係部門の役割分担も不明確」などと指摘する。会社の理念やプロセスがよくなかったという。問題を完全にすり替えているのだ。

これでは、第三者委員会の報告書と何も変わらないではないか。今の経営陣は新生・東芝の旗を振らなければいけないのだ。それなのに、なぜウェスチングハウス問題の経緯と原因の調査分析ができないのか。なぜこんな「改善計画・状況報告書」を公表するのか。いまだに、誰かを守ろうとしているのだろうか。

これでは地に落ちた東芝の信頼は回復されない。社内でできないのなら、第三者委員会の報告書を厳しく批判している久保利英明弁護士や、国広正弁護士ら、社外の有識者に「ウェスチングハウス問題の経緯と原因」の一点に絞って、調査を委嘱することを検討したらどうだろうかと言いたくなる。

## 5　米原子力大手買収を失敗と認めない詭弁

「改善計画・状況報告書」で、東芝はウェスチングハウスに関わる「第二の不正」について、たったの2ページの記述で終わらせた。その一方で、財務的には正常化に向けて動いていた。東芝の連結決算で損失処理する準備を着々と進めていたのだ。

ウェスチングハウス単体で「のれん」を減損処理し、東芝の連結決算では減損していないという、東芝がひたすら隠してきた秘密がばれてから、「正しい会計処理ではない」と強い批判を浴びていたからだ。

東芝はこの間、医療機器子会社、東芝メディカルシステムズをキヤノンに売却する手続きを進めていた。その売却益で、原子力事業の減損で生じた大穴を補うメドも立っていた。

ゴールデンウィークの直前の4月26日、室町社長が記者会見を開いた。室町社長は、不正会計で辞任した田中前社長を引き継いで東芝のトップに立った人物である。その室町社長が、ウェスチングハウスを含む原子力事業で2600億円にのぼる減損を計上し、16年3月期の東芝連結決算で損失処理すると発表したのだ。

本来なら、この減損処理の発表は、東芝が過去の出来事を反省し、再生に向けて動くための大切な一里塚だ。ところが、東芝は「改善計画・状況報告書」で明らかなように、この問題に正面から向き合おうとしていない。記者会見でも、減損処理をしてこなかった経緯を正当化するため、室町社長は苦し紛れの説明に終始する。

記者会見で室町氏はまず、「本日の取締役会で、2月4日に公表した15年度の業績予想修正を決定しました」と述べた。2月4日の業績予想の際は、最終（当期）損益の赤字予想額が5500億円から7100億円に大きく膨らんだ。このため、室町社長は会見の冒頭で頭を下げ、謝罪した。しかし、この日の修正で、赤字予想額は4700億円に縮小した。それでも東芝にとっては過去最大の赤字なのだが、この日は室町氏が頭を下げることもなかった。

そして、原子力事業の減損について次のように説明したのである。

「ウェスチングハウス社を含む原子力事業全体の事業性に変更はないものの、当社（東芝）の格付け低下に伴う資金調達コスト上昇等を要因として2600億円の減損が見込まれる」

原子力事業の収益性は変わらないというのだ。ただ、東芝は不正会計の発覚で株価が下落し、格付けも引き下げられた。この結果、金融機関から資金を借り入れる際の利息が上がった。その点を勘案して原子力事業の資産価値を再評価したところ、帳簿上の価格より下がった、というのである。

この説明は詭弁（きべん）であり、順番が逆だ。11年の福島第1原発事故を受け、原子力事業で想定通りの収益を上げる見込みが立たなくなった。原子力以外の事業の収益性も落ち込んでいた。それを隠すため利益を水増しした不正会計が発覚したことで、株価が下落し、格付けが下がったのである。

それを、「原子力事業全体の事業性に変更はない」と強弁し、格付け低下に伴う資金調達コスト上昇を理由に2600億円の巨額の減損を行うという。これでは説明になっていない。まったく過去の反省に立っていないのである。

この記者会見にあたり、こんな説明を考えた原子力事業の担当者、そして財務の担当者、それを通す取締役会、そのまま発表する室町社長、このいずれもが、いまだに旧経営体制の意識のままで仕事を続けていると私は強く指摘したい。上司に物がいえない企業風土、おかしいことをおかしいと指摘できない企業風土、不正会計が発覚したときに強く批判されたことが今も変わっていないのだ。これは1年前の話ではない。たった今の東芝の現状なのだ。

東芝は15年11月、原子力事業の事業計画を発表し、2029年度までにウェスチングハウスが世界で原子力発電所64基の受注を目指すことを盛り込んだ。そして、資産評価では「保守的に見て」46基受注を前提としたと説明した。私はその前提は、どう見ても、バラ色の計画にしか見えないと指摘してきた。その後、東芝は「30年までに45基の受注を目標とする」と微修正したが、楽観的な受注目標を変えていない。だからこそ、「原子力事業全体の事業性に変更はない」と言っているのだ。

いつまでこの説明で通そうと思っているのか。連結決算で減損処理を迫られたように、私は、この楽観的な受注計画も、いずれは修正を迫られると考えている。

ともあれ、連結決算での減損処理により、会計上、ウェスチングハウス単体と、親会社の東芝との間で、原子力事業の資産評価が大きく食い違うというおかしな状況は、3年ぶりに解消された。

東芝は06年にウェスチングハウスを約5400億円かけて買収した。その際に、将来の収益性を見込んで「のれん」と呼ばれる資産を約３５００億円計上した。そのウェスチングハウスを含む東芝の原子力事業の、現時点の「のれん」の計上額は約３３００億円。その８割近くを損失として処理することになった。社運をかけた買収だったが、10年経って「高値づかみ」だったことが明らかになったわけだ。

# 第二章

# リストラの嵐の中で

## 1　40歳以上が天を仰いだ早期退職金の軽さと重さ

不正会計で覆われていたベールを取り去った後に、東芝は深刻な経営危機に直面した。危機を脱するため、「新生東芝アクションプラン」と名付けたリストラを実施する。その柱は早期退職募集を中心とする1万人にのぼる人員整理だった。

「月末で退職することになりました。本当にお世話になりました」「こちらこそお世話になりました。新しい活躍の場が決まったら、ぜひ壮行会を」

こうしたメールが東芝の社員同士の間で飛び交った。16年3月から4月にかけてのことだ。早期退職募集に応じて東芝を去ることになった40代、50代の社員が、同期や先輩、後輩に送るあいさつのメールだ。そして、受け取った人は「あの人も」と息をのむ。

メールの内容はいろいろだ。早々と新天地が決まった人。再就職先が決まらないまま退職の日を迎える人。メールを送るタイミングもさまざま。退職が決まってすぐに送られたメール。ある人は出社の最終日の夜に、本当にお世話になった数人にだけ退職のあいさつのメールを送った。

不正会計が行われていたことなどまったく知らなかった。不正会計が発覚した後も、まさか東芝の経営がここまで悪くなるとは考えてもいなかった。そうした人たちが、リストラの嵐に巻き込まれて次々と東芝を去っていった。

早期退職の募集は、1月に半導体事業で始まり、2月以降、管理部門やパソコン事業、映像事業などで順次、本格化した。募集対象は40歳以上で勤続年数10年以上の社員だ。

半導体事業1200人、パソコン事業400人、ハードディスクドライブ事業150人、ヘルスケア事業90人、映像事業と家電事業で各50人。そして「コーポレート」と呼ばれる管理部門1000人、販売・補修関係会社6000人。部門ごとの計画の人数が順次、公表された。合計で3540人になる。これは「再配置と早期退職優遇制度を合わせた人数」だが、再配置はごく少数で、大半が早期退職だと説明された。

対象となった者は、応募する意思があろうがなかろうが、所属部署の上司との面談が設定された。1時間近い面談の席で「早期退職優遇制度・再就職支援　～制度概要・手続き方法について～」と書かれた資料が渡され、検討を求められた。

この資料には、早期退職募集の条件が書かれている。通常の退職金に加算金が上積みされ、総額でいくらになるかが最大のポイントだ。対象者一人一人に、その金額が記入された別の紙が手渡される。

この金額をもとにして、1週間程度の間に結論を出してほしいと言われる。たった1週間で自分の身の振り方を決めなければならない。考える時間は本当に短い。そして、2回目の面談の日に応募書類を提出すれば、早期退職の手続きが始まるのだ。

もちろん、各人に渡された退職金の額は公にはされない。ただ、提示を受けた対象者の一部から、「これぐらい」という額が社内には少しずつ伝わっていった。

加算金の計算方法は資料に詳細に記されている。少々複雑だ。40歳から45歳までは、「副参事以上」と「主事1以下」という資格を境に、加算金の計算が分かれる。副参事以上というのは、課長職以上の役職者のこと、主事1以下は、役職に就いていない社員のことだ。例えば40歳の場合の加算金は、「副参事以上」は基準賃金の17カ月分、「主事1以下」は基準賃金の34カ月分とされる。

退職金の加算割合が最も多いのは46歳から53歳。この年齢の社員は資格に関係なく、基準賃金の40カ月分が一律で上積みされる。それより年齢が高くなると少しずつ減額され、例えば55歳の上積みは、基準賃金の30カ月分になる。

50歳に届こうとする勤続25年前後の役職者の場合、４０００万円台後半から５０００万円程度という話が伝わっている。役職に就いていない主事１以下の社員は、その半額かそれより少ない額、２０００万円強だそうだ。

世間相場から見れば、役職者が受け取る退職金は決して少ない額とは言えないだろう。ただ、定年まで安心して勤められると思っていた職場で突きつけられた、突然の早期退職の募集だ。それなりの待遇の転職先が見つかり、そこで新たな人間関係を築ければいいが、このご時世、そう簡単にいくとは限らない。

今回の早期退職者は、雇用保険では「会社都合の退職」として扱われ、自己都合の退職に比べて失業保険の支払いも優遇される。資料にはその説明も書かれている。自己都合退職の場合、給付日数は勤めた期間によって90～１５０日で、最大支給額は約１１８万円だが、会社都合退職の場合、給付日数は90～３３０日となり、最大支給額も約２６０万円になる。

こうして、早期退職募集が本格的に進んでいった。

## 2　辞める理不尽、辞めさせる痛み

早期退職募集は、あくまで社員の応募を前提としている。応募しない社員が退職を強要されることは、基本的にはない。ただ、そうはいっても、部門ごとに50人、150人、多い部門では1000人を超す、削減予定人数が公表された。そして、その人数が退職することを前提とした再建計画が立てられた。

募集が行われた事業部門の部長やグループ長には、早期退職の目安となる人数が割り当てられたのではないかと、社内ではささやかれている。部長やグループ長にとっては、辞めてもらう人数の「ノルマ」だ。しわ寄せはおのずと弱者に向かう。

東京・浜松町の東芝本社ビルに勤務する50代の女性は、早期退職に心底から納得できないまま、早期退職優遇制度の「適用申請書」に署名し、印を押すことになってしまった。退職募集をめぐる上司とのやりとりに、自分を否定されたような感情を抱いたのだ。

退職の募集条件を示された、上司との面談。「あなたのやっている業務はなくなります」。そんな言い方をされた。管理部門に勤務していて、職場がなくなるわけではない。なぜそんなふうに言われなければならないのか。

ずっと勤めてきたこの会社で、自分なりの貢献をしてきたつもりだ。退職者を募集しなければならなかった会社の状況もよくわかっている。でも、「仕事がなくなる」と言われたとき味わった、袋小路に追い詰められたような感情が今も消えない。

定年まであと何年か。ずっとここで働けると思っていた。はっきり考えたことはなかったが、定年後も、再雇用でしばらくは働けるはずだった。

早期退職が決まった後も、「3月末で退職」という現実に気持ちが追いつかず、再就職先を探す気が起きなかった。退職した後に考えてみようとも思った。ただ、退職日が近づくにつれ、気持ちが少しだけ動いた。一度、再就職サービスの担当者の話を聞いてみようかと思っている。

別の女性は、再就職先だけでなく、転居先も探すはめになった。勤務していた職場はリストラ対象になった。グループ会社への転籍を希望したが、受け入れられなかった。もう、どうしようもない。応募したかったわけではないが、選択肢は早期退職しかなかった。

これまで通りの給料がもらえる転職先はなかなか見つからないのはわかっている。今の都内の住まいは家賃が高く、もっと安いところに移らなくてはならない。親のいる田舎に帰ろうか、でも……。

退職募集の対象になって、割り切った人もいる。「今まで上司に振り回される仕事を続けてきて、いいかげんうんざりしていた。これから先辞めるにしても、退職金の優遇がどこまであるかわからない。それなら今」と、早期退職に応じた。

定年まであと数年という男性社員も早期退職を決めた。今回の早期退職は、40歳から45歳までは「会社都合退職」の扱いとなり、46歳以上は「定年退職」の扱いになる。

東芝の定年退職者は、福利厚生制度で、「定年退職者招待旅行券」と「定年退職者招待旅行休暇」がもらえる。グループ企業の旅行会社を通じて申し込めば、国内旅行でも海外旅行でも、一人でも家族一緒でも、退職記念旅行を楽しむことができる。

この男性社員は、この制度を活用して旅行に出かけた。もちろん退職者として当然の権利を使っただけだが、職場の一部からは「お気楽ね」との声も出たようだ。

早期退職することは決まっても再就職先が決まらない。これまでと同じ生活を維持することは難しい……。つらい日々を過ごす退職予定者も多かった。一方、東芝に残る社員も、会社の将来に不安を抱く。悪いのは不正をさせたトップ、役員、それに従った幹部だ。怒りと不満、いらだち、悲しみ。社内にはさまざまな感情が渦巻いていた。

役職者の悩みも深い。早期退職募集の対象者一人一人と面談し、退職金の上積み額などの条件を説明して、納得してもらわなければならない。そうした役職者向けに面談講習も行われた。職場に示された早期退職募集の数。その「ノルマ」を達成しなければならない。

ある役職者は、「対象者の人生を考えると本当に心が痛む」と訴える。あるイベントで有名人とともに笑顔を見せるトップの写真を見たときに、「経営者はリストラされる社員の気持ちをわかっていない」との思いが、ふつふつと湧いてきた。

そして、早期退職募集の対象部署に偏りがあるように思えることも、社員の心にさざ波を立てている。

今回の募集対象は全職場ではない。再建計画で売却や縮小、他社との再編・統合の対象になっている部署が中心だ。

社員の間から、「原子力事業がなぜ早期退職の募集対象外なのか」という疑問の声が上がっている。米原子力大手ウェスチングハウスを巨額で買収し、それがリーマン・ショックや福島第1原発事故を経て、経営の重荷になり、不正会計の引き金になった。その部署がどうしてリストラ対象から外されているのか、という不満だ。

また、管理部門の中でも、財務部は募集対象外だ。「利益水増しの舞台となり、不正に歯止めをかける役割を果たさなかった財務部がなぜ、リストラ対象から外されているのか」という疑問の声だ。思ってもみなかった人員整理に遭遇した人たちが強く感じた疑問だった。

1年前には考えてもいなかった早期退職募集。その選択を突きつけられ、退職を選んだ多くの人たち。そして、退職を募る側に立った人たち。双方が気持ちの迷路に入り込んでいたのだ。

## 3　退職社員に他社や地方から熱い視線

東芝の早期退職募集は、部署によっては4月まで続いた。当初は3月までの予定だったが、ハードディスク事業の人員整理など、他のリストラ計画より遅れて決まった施策があった。人員整理は労働組合との協議が必須で、こうした手続きに時間がかかったためだ。

1月から始まった早期退職募集が2月以降、本格化するにつれ、東芝社員が職場で閲覧できる社内ネットのサイトに、退職を検討している社員向けの求人案内が次々と掲載され始めた。

ゼネコン、エンジニアリングメーカー、情報通信機器メーカー、損害保険、不動産、自動車、電力、警備保障、物流、コンビニエンスストア、地方銀行、外資系生命保険……。東芝ほどグローバルな企業ではないかもしれない。それでも、世界中に展開している企業や、名前を聞けば誰でも知っている大手企業がずらりと並ぶ。

企業名をクリックすると、職種・職務内容、勤務地、勤務時間、必要な知識・経験・資格、待遇（給与）、募集人数といった具体的な条件が書かれた求人票を閲覧できる。

職種を見ると、「ＩＴ製品の拡販」「機械設計職および電気技術職」「建築設備技術者」「研究開発職・生産技術職」など、事務系、技術系の具体的な職務内容が記載されている。

気になるのは給与だ。「20万〜42万円（経験、能力により優遇）」、「年収５００万〜１０００万円（経験・能力等により決定）」。これは幅がありすぎて、実際に説明を聞かないとよくわからない。大卒初任給が書かれた求人もある。

「平均年収６５０万円」、「賃金モデル：大卒・職歴18年・40歳管理職、基本給40万円、年収概算７０５万円」。こちらはかなり具体的だ。

「東芝の社員にはとても優秀な方が多い。県内の企業の関心も高い。Ｕターン、Ｊターンの再就職はもちろん、うちの県に移住したいという方がいれば、できるだけ支援させていただきます」

西日本のある県の労働政策課担当者はこう語る。この県の「就職移住サポートセンター」のウェブサイトは、登録すれば誰でも県内企業の求人案内を見ることができる。登録は無料。人材採用コーディネーターが相談にも応じる。この担当者は、東芝の人事部と連絡をとり、県内の企業の求人サンプルを紹介したという。

この県の地元企業は製造業が多く、技術職の求人ニーズが高い。具体的に東芝社員の再就職がまとまったという話は出ていないが、意欲は強い。

早期退職募集に応募し、退職が決まった社員は、東芝と提携した人材会社2社の再就職支援サービスを、会社負担で受けることができる。支援内容は再就職に向けたカウンセリング、再就職を実現させる教育・研修、履歴書や職務経歴書の作成支援、面接トレーニング、求人情報の提供や職業紹介などだ。

本社ビルの会議室には、再就職支援サービスを希望する社員への個別相談窓口も設置された。早期退職が決まった社員のうち、希望者は、こうした支援サービスを受けて再就職先を探した。上司の許可を受ければ、勤務時間中でも相談窓口を利用することができた。自らのキャリア分析や、面接の受け方の指導を受けることもできる。

社内ネットに掲載された求人案内は、再就職者が内定し、募集枠がいっぱいになった企業は順次、削除されていった。

「○○さんが△△に決まった」という話も少しずつ流れ始めた。そうした話を聞くと、いまだに行き先が決まっていない数多くの人たちの心は騒ぐのだ。

## 4　社内カンパニー廃止でバラバラになる社員の悔しさ

東芝は3月17日、医療機器子会社の東芝メディカルシステムズの全株をキヤノンに6655億円で売却すると発表した。東芝が手にする売却益は約5900億円。東芝はここから税金などが差し引かれた額を手にする。

2016年3月期に、東芝の自己資本は1500億円という危機的な水準に落ち込むと見込まれていた。〝虎の子〟の子会社売却で、これが上積みされる。十分とは言えないが、一息つくことになった。

そして、医療機器子会社の全株売却に伴い、東芝本体で医療関連事業を担当していた社内カンパニー、ヘルスケア社の廃止が決まった。

医療機器子会社も含めた東芝のヘルスケア事業は、田中社長時代の13年に、半導体と原子力に次ぐ「第3の事業」に位置づけられた。そして、4000億円規模の売上高を、17年度には1兆円に引き上げるという大きな目標が掲げられた。それから3年も経たぬ間の暗転だった。

医療機器子会社は、キヤノンのもとで再出発する。そして、ヘルスケア社が行ってきた事業については、継続するもの、終了するものの「仕分け」が行われた。

重粒子線がん治療装置やゲノム解析受託サービスなどは、グループ内の他部門に移管して事業を継続する。そしてSNS（ソーシャル・ネットワーキング・サービス）、タブレット端末を使ったシニア向け在宅サービスや介護支援サービスは終了することになった。

医療機器子会社のキヤノンへの売却交渉が大詰めを迎えていた3月上旬。東芝グループ会社の社員が、提携していた企業を一社一社訪れ、事業の終了について説明して回る姿があった。

「事業は黒字でした。我々としても青天の霹靂（へきれき）で、本当に残念です」。悔しそうに頭を下げる担当者の所属するチームは解散になる。

ヘルスケア事業に関わる社員を対象に、早期退職が募集された。この担当者が机を並べて仕事をしてきた同僚4人は、退職は避けられたが、最終的にグループ内の別部署にバラバラに異動することになった。

早々に見切りをつけて退職募集に応じた社員もいる。ずっと担当していたヘルスケア事業がなくなる。このまま残留したとしても、いずれ再び人員整理の対象になる可能性が高いと感じたからだ。

ヘルスケア事業は16年3月期に営業利益150億円と、東芝の主要部門では唯一黒字を見込んでいた。高齢化が進み、医療機器事業は成長が期待される。だからこそ、キヤノンに高値で売却することが決まった。だが、社内からは「利益の上がっている事業を切り離し、不採算の事業を抱え続けて、会社に将来はあるのか」といった疑問と不安の声が上がっている。

事業売却に伴って他社に移る社員と、東芝に残る社員。その双方にどんな未来が待ち受けているのだろうか。

## 5　ボーナス最大50％減の春闘妥結

早期退職募集に応じて退職した社員は、最終的に３４４９人にのぼった。このうち最も多かったのは、大分工場の半導体画像センサーに関わる部門だ。この事業はソニーへ売却することになった。開発担当者や社員約１１００人がソニーに移籍することが決まったが、その人数とは別に、１２００人の人員削減を計画していた。早期退職を募集した結果、この人数を大きく上回る１８７７人が退職することになった。

一方、１０００人の人員削減を計画していた管理部門（コーポレート部門）で、早期退職に応募したのは２４６人にとどまった。こちらは主に、再配置で人員削減を進めることになった。

早期退職も含めた全体で、東芝は15年度中にグループで１万４８０人の人員削減を計画していたが、結果的に国内８４３０人、海外６０２０人、合わせて１万４４５０人が東芝を離れていったのである。

一方、早期退職に応募せず、会社に残る選択をした社員が直面したのが、業績悪化に伴うボーナスの減額と、役職者の給与引き下げだ。

春闘の主要企業の集中回答日は3月16日だった。春闘では全体的に経営側は渋かった。3年連続で賃金を底上げする「ベア」に主要企業は踏み切るものの、引き上げ幅は前年割れが続出した。なかでもひときわ厳しい内容でこの日、労使交渉が妥結したのが東芝だった。

東芝経営陣は労働組合に対し、不正会計で業績が大きく悪化することを踏まえ、ベースアップの見送りと、業績連動型ボーナスの減額が最大50％になることを伝えた。組合側もこれを受け入れて労使交渉は妥結した。

東芝のボーナスは業績に連動して支給額を算定する。巨額の赤字が見込まれる16年は夏、冬とも算定額から基準賃金1カ月分に相当する金額が減額される。所属部門の業績で差が出るが、最も低い場合は年間2カ月分程度のボーナスになるという。

2月から始まった役職者の給与月額1万円減額を、4月から3万円減額に拡大することも公表された。桜のつぼみが膨らみ、新しい何かに期待したい季節だが、東芝社員の気分は冷え込んだまま。早期退職に応募せず、「私は会社に残ります」と宣言したある社員は、

「自分はもしかしたら負け組かも」とふと思ったという。

そして4月1日。新入社員が入社してきた。東芝はJR川崎駅前のホール「ミューザ川崎」で入社式を開き、グループ会社も含め、新入社員930人が出席した。東芝は17年春入社の大卒新入社員は採用しない。今回の新入社員は、不正会計問題が広がりつつあった15年春から夏にかけて就職活動をしてきた人たちだ。

「会計処理問題の発生に伴い、就職活動、内定期間を通じ、ご家族を含めて大変なご心配をおかけしたことに対し、心よりおわび申し上げます」

室町社長はあいさつの冒頭で、謝罪の言葉を述べた。東芝140年の歴史のなかでも、謝罪で始まる新入社員へのあいさつは異例のことだ。そして、新入社員の代表で24歳の女性が登壇した。

「東芝グループは大きな岐路に立たされています。入社前の米国旅行で、タクシーに乗った際、運転手から『日本と言えば東芝製品が大好きだ』と言われました。今年から東芝で働くと言うと、『がんばって』と言われました。今の会社の状況をとても残念に思います。

世界の東芝を再び輝かせる気概を持って、一日一日を過ごしたいと考えています」

この決意表明を、壇上にいた30人あまりの東芝役員は、どんな思いで聞いただろうか。

# 第三章
# 徹底しない経営改革

## 1　名誉顧問職新設？　1万人削減でも「馬の耳」

不正会計発覚後の業績悪化が人員削減という厳しい現実になって、容赦なく東芝の社員に降りかかる。そのなかで、社員の怒りと不安を増幅させていたことがある。それは、経営危機に直面しているはずの役員や幹部に、危機感のなさが透けて見えることだ。ことここに至っても、経営改革に動こうとしない。社員が強くそれを感じた象徴的な話を紹介しよう。

２０１６年2月4日、東京・浜松町の本社ビル39階で、東芝は第3四半期決算の記者会見を開いた。説明に立った室町正志社長は、２０１６年3月期決算の最終（当期）損益が、東芝始まって以来の赤字額７１００億円に膨らむことを明らかにした。そして、1カ月半前に発表したばかりの再建計画「新生東芝アクションプラン」を加速し、新たな人員削減など、追加リストラ策を発表した。

その説明の最後に、「相談役制度の廃止について、社内決定をしました」と述べた。

東芝の相談役は会長・社長経験者が就く。この時点で西室泰三・日本郵政社長と岡村正・前日本商工会議所会頭の2人だ。もう一人、西田厚聡氏も相談役だったが、不正会計の責任をとって辞任した。

西室氏は05年まで9年間、東芝の社長、会長を歴任し、経団連副会長という財界の要職にも就いた。その後、東京証券取引所社長、会長を経て、上場を控えた日本郵政社長に就任していた。そして、日本郵政とゆうちょ銀行、かんぽ生命の3社上場を無事に成し遂げた。上場後に80歳の誕生日を迎えていた。

岡村氏は、西室氏の後を継いで社長に就任し、西田氏に引き継いだ。経団連の副会長から財界3団体の一つ、日本商工会議所の会頭に転じて6年間務め、13年に退いた。

西室、岡村の両氏は、第三者委員会が認定した不正会計に直接関わってはいない。だが、第三者委員会の報告書で西田氏ら歴代3社長が不正会計を主導したことが明らかになったことから、西田氏らに社長を引き継ぎ、有力ＯＢとして経営に関わってきた2人にも責任があるのではないか、という声が社内外から上がっていた。東芝の深刻な経営の実態が明らかになるにつれて、相談役制度の是非についての議論も出始めたのである。

西室氏は毎月開かれる日本郵政社長の定例記者会見で、記者からの質問に答えて、しばしば東芝の不正問題について言及していた。辞任の意思を固めていた当時の室町会長を説得し、社長就任を決断させたことも西室氏自らが語っていた。

そして12月の会見では東芝の相談役制度について記者から次のように問われた。

「西室社長ご自身が、80歳までは相談役としてアドバイスをしていくつもりだというご発言もありました。東芝は相談役を今後どうされていくのかお聞かせいただければ」

西室氏は次のように答えた。

「最近、東芝の話をすると老害だと言われます。実際に東芝の今のマネジメントから直接に私が説明を聞くという立場にはありません。もともと相談役というのは、相談したいときに、東芝の方から相談に来るということになっていますのでね」

そして次のように付け加えた。

「(相談役については) 1回、ご破算にしたらどうかと、私どもの方からも実は内々に言っています。どんな形に最終的になるかわかりませんけど、今、私自身の相談役としての任期というのは、来年の6月までなんですよね。だけど、そこまで相談役を続けるということにはならないと思っています」

東芝の現経営陣に相談役廃止を提言し、自らは近く退任するということだ。

この西室氏の発言に対しても、東芝の社外取締役から「相談役制度をどうするか、決めるのは我々だ」と不快感が示されたとのニュースもあった。

片や、東芝の現状に関する岡村氏の発言は伝わってこなかった。15年6月、東芝が不正会計問題で大荒れの株主総会を開いた3日後に、森喜朗元首相の後任として、日本ラグビー協会長に就任した。西室氏とは対照的な岡村氏の「沈黙」に対しても、社内から「いったい何をしているのか」との不満が漏れる。

この相談役の廃止について、室町社長は決算発表の際に発表したのだ。ところが、発表は相談役廃止だけではなかった。代わりに「名誉顧問」のポストが新設されることが付け加えられたのである。名誉顧問には西室、岡村両氏のほか、特別顧問2人も就任する。経営とは一線を画す名誉職だという。6月の定時株主総会で定款を変更し、相談役の廃止を正式に決めるとの説明だった。

## 2 「名ばかり相談役廃止」に社内の不満

室町社長の説明を受け、記者がさっそく「名誉顧問には社用車はつくのですか。執務室は？　報酬は？」と質問した。室町社長の答えは次の通りだった。

「特別顧問から名誉顧問になる2人は、執務室はいらないという申し出があった。西室、岡村両氏には、執務室を移動してもらう。東芝のオフィスフロアは、ビルの30階から39階にあるが、2人は、このフロア以外にスペースを確保する。車は本人の安全を配慮して、必要なときにはおつけする。報酬は開示を控えさせていただく」

これまで相談役は社長や会長らと同じフロアに執務室があった。相談役の部屋を訪れてお伺いを立てるのは、東芝役員にとっては日常の業務だった。そうした経営の関与を断ち切り、再生を打ち出すのが狙いの「相談役廃止」だったが、別フロアに執務室を設けるとは……。

「報酬は開示を控える」ということは報酬があるということだ。もちろん、相談役についていた秘書もそのまま、ということだろう。「相談役が名誉顧問という名前に変わっただ

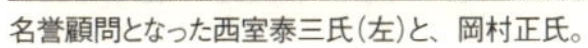
名誉顧問となった西室泰三氏（左）と、岡村正氏。

け？」――説明を聞いていた多くの記者がそう思ったに違いない。

東芝の社内からも、1万人の人員削減をし、早期退職募集をするなかで、名ばかりの「相談役廃止」とはどういうことか、経営陣は社長ＯＢに対して、そこまで配慮しなければならないのか、という疑問が広がったのである。

そして、後から振り返れば、相談役制度の是非をめぐる12月の記者会見のやりとりが、東芝に関する西室氏の最後の公式発言になる。2月下旬、新聞に「西室氏が入院」という小さな記事が掲載された。同月8日から検査入院し、退院のメドは立っていないという簡単な記述があった。ほどなく「復帰の見込みが立たず退任論が浮上」との記事が掲載された。

そして日本郵政が3月16日に記者会見を開いた。そこでは、西室氏の病気はすぐ回復する状況ではないため、同月3日に本人から辞任届が提出され、取締役には留まるものの、社長を退くことが発表された。後任にはゆうちょ銀行社長が就任するという。

私はその記者会見に出席し、次のように質問した。

「西室さんが辞任されるにあたって、所属した東芝の責任をとったという見方が出てくるのは自然だと思う。そのことについてどう思われますか」

この質問には日本郵政の上級副社長が答えた。

「東芝のことについては、東芝の方での進退を明らかにしているんで、それは済んだと思いますが、郵政はそこは別だと思っています」

こうして西室氏は表舞台から去ることになった。東芝は公表はしていないが、西室氏と岡村氏の2人の名誉顧問は「無報酬」に決まったようだ。ただし、この2人以外は通常、千数百万円の名誉顧問報酬が支払われる。

## 3 「社友」温存の経営陣に社員「やってられるか」

室町社長が公表した「名ばかり相談役廃止」に対して、東芝社内では強い不満がくすぶっていた。会社がここまで窮地に追い込まれても、経営陣は徹底した改革に二の足を踏んでいると受け止められた。

有力OBを退任後も処遇する相談役や顧問といった制度に対する疑問は、不正会計が発覚する前から、株主総会などで繰り返し投げかけられてきた。例えば5年ほど前、11年6月に開かれた東芝の株主総会に、株主から「相談役、顧問、社友についての情報の個別開示に関する定款変更の件」との題名がついた議案が提出された。
この議案は、相談役、顧問、社友について、「就任させた理由、仕事内容と成果、報酬額、経費」を毎年公表するよう迫ったものだった。提案した株主は、提案理由を次のように説明している。

「相談役、顧問、社友に関する情報は株主に対してほとんど開示されていない。役職が必要かどうか疑問である。また、その大半は、元取締役や元執行役と思われる。その役職を設けなくても、東芝に有益な助言を行ってくれるはずである。これらの役職に関してもリストラが必要である。その判断材料として、情報を開示すべきである」

佐々木則夫社長、西田厚聰会長が率いていた当時の取締役会は、この議案に次のような反対意見をつけた。

「当社の相談役、顧問、社友は、経営に対して豊富な経験から有益な助言等を行っており、その処遇は役員及び従業員の処遇を総合的に勘案して定めており、過大なものとは認識しておりません」

そして、反対意見の後に、「参考」として、次のような補足を付け加えている。

「同様の情報開示について、一昨年はホームページ、昨年は官報に開示することを定める定款変更を求め、いずれも総株主の議決権数の10分の1未満の賛成しか得られず否決されていますが、今回は新聞への開示を行うよう定款変更を求めているものです」

会社法の決まりで、株主総会で議決権の10分の1以上の賛成を得られなかった議案と実質的に同一の議案は、3年間、再提出できない。09年から3年続けて提出されたこの議案に対し、「もうこんな提案は今回を最後にしてください。次からは取り上げませんよ」という意味と受け取れる。

この株主質問が出続けた3年間は、東芝にとって本当に試練の3年間だった。リーマン・ショック直後の09年3月期決算では、最終（当期）損益が東芝としては過去最大の3400億円の赤字に陥った。その年の株主総会後に社長が西田氏から佐々木氏に代わり、11年3月期に3年ぶりに黒字にたどり着く。その3月に起きた福島第1原発事故。

この時期、水面下で不正会計が行われていた。西田氏が「こんな数字恥ずかしくて公表できない」「死にものぐるいでやってくれ」と幹部に激しく迫り、佐々木氏は水増し数字を元に戻そうとした幹部に対し、「一番会社が苦しいときに、ノーマルにするのは良くない考え。東芝のためにもなっていない」としかった時期と重なる。

それから5年が経ち、経営不振だった東芝は、経営危機の崖っぷちまで追い詰められた。

会計操作による利益水増しに走らず、少数株主の意見も聞いて経営改革を進めていたらと、今になっては誰もが思うことだろう。

室町体制が2月4日に示した経営改革は、相談役廃止と名誉顧問ポストの新設だった。そして、いまだに手がつけられていないのが、株主総会の議案に取り上げられた「社友」である。社友に関して、東芝は役員経験者ということを除き、人数や待遇など制度の内容を明らかにしていない。

手当（報酬）が支払われる制度と見られ、リストラの渦中にいる社員から「会社にも来ていない社友に報酬なんてありえない。従業員がそのことを知らないとでも思っているのだろうか」といった経営陣への激しい不満と強い不信、そして「シラケた雰囲気」が広がりつつある。

社友制度には後日談がある。この社友制度の問題について、私は「経済プレミア」で記事を書くにあたり、東芝広報・IR室に対し、「社友制度の詳細の情報開示」と「見直しの是非」の2点について質問書を提出していた。これに対して東芝から記事掲載直後に回答書が届いたのである。

回答書によると、社友制度は、「当社の全役職を退任した役員経験者に対して委嘱し、助言などをいただいております。3月15日現在で81名です」とし、報酬については「具体的な回答は控えさせていただきます」との内容だった。

制度の見直しについては、「社友制度は、これまでも終身制から任期制へ、また任期の短縮化など数度の見直しをしており、現在も報酬委員会における議論も踏まえて、将来的には廃止の方向で見直しを検討しております」と回答した。この回答を踏まえ、当編集部から広報担当者に「具体的な見直しの時期」を尋ねたところ、「社友の方々に説明する必要もあり、現時点では『将来的に』ということ」との説明だった。

# 第四章
# 「軽すぎる懲戒」への疑問と反発

## 1　幹部社員26人への懲戒

早期退職募集が本格的に実施され、その取材で繁忙を極めていた真っ最中に、経済プレミア編集部は東芝の社内文書を入手した。「不適切会計問題に関する懲戒処分の件」との題名がついたこの文書は、２０１５年12月1日、東芝社員が職場で閲覧できる社内ネットで告知されたものだ。

不正会計を調査していた第三者委員会は15年7月、東芝が会社ぐるみで不正を行っていたと認定した。これを受けて歴代3社長や取締役が引責辞任した。彼らのもとで、不正な会計操作に関わっていた幹部社員への懲戒処分の内容が記されている。

幹部社員に対してどのような懲戒処分が行われたか、多くの社員が注目していた。不正会計で東芝の信用が大きく傷つき、経営危機の崖っぷちに立たされた。歴代社長らトップ、それに連なる役員はもちろん責任がある。そして、役員のもとで実際に不正な会計操作を行ってきた幹部社員が数多くいたからだ。

幹部社員に対する懲戒処分の内容について、東芝は対外的に公表していない。社内で懲戒処分の内容を告知したこと自体、公になっていなかった。私自身、こうした文書が存在していることすら知らなかった。そして、文書を入手してすぐ、経済プレミアの「東芝問題リポート」で懲戒処分についての記事を掲載した。幹部社員の懲戒について触れたメディアは経済プレミア以外にはない。その内容を、ここで改めて紹介しよう。

「不適切会計問題に関する懲戒処分の件」と書かれた文書には、不正会計の舞台になった財務部や社内カンパニーの事業部、経理部の部長ら24人の氏名と所属・役職が書かれている。このうち16人は、文書が告知された時点で東芝に在籍している。残る8人は東芝を退職し、グループ会社に在籍しているという。この24人は、懲戒対象になった案件名、処分内容が1人ずつ記載されている。東芝社員への懲戒処分の日付は11月9日だ。

さらに、氏名や所属を伏せた者が2人。この2人は東芝を退職し、グループ会社にも在籍していないが、懲戒処分に該当すると書かれている。2人を加えて全部で26人だ。

懲戒対象は、第三者委員会が調査し、不正会計があったと認定した「工事進行基準に係る案件」「映像事業における経費計上に係る案件」「パソコン事業における部品取引等に係る案件」「ディスクリート・システムＬＳＩを主とする半導体事業における在庫の評価に係る案件」の4案件だ。

このうち、三つの案件に該当しているのが1人。二つの案件に該当しているのが10人。あとは該当案件は一つずつだ。

処分の内容は次の通りだ。「出勤停止1日」が2人、「減給」と「減給に相当」が合計9人、そして「けん責」と「けん責に相当」が合計13人。この「相当」というのは現在グループ会社に在籍しているため、懲戒処分の対象外だが、減給やけん責に相当するという意味だと説明されている。

東芝を退職し、グループ会社にも在籍していない2人についても「けん責に相当」と書かれていた。

## 2 「出勤停止1日」「減給」「けん責」

この文書の社内への告知には伏線があった。12月1日の社内告知からさかのぼること3週間余り前の11月7日。東芝は西田厚聡氏ら歴代3社長を含む旧経営陣5人を相手取って、不正会計で東芝が被った損害についての賠償請求訴訟を起こした。この時、東芝は記者会見による説明を拒み、代わりに5ページにわたる発表文を配布した。その最後に、「従業員の懲戒処分について」と題して次のように書かれていた。

「第三者委員会の調査報告書で言及されている幹部従業員を中心に、関与が疑われる従業員について慎重に処分を検討した結果、関与した従業員または管理監督責任を有する従業員26人について、11月9日付で懲戒処分を実施する予定です」

この発表文には懲戒処分の中身については書かれておらず、実際にどんな懲戒が行われたのか社員にもわからなかった。それが、ようやく知らされたのだった。

ある社員は、この懲戒内容を見て目を疑ったという。懲戒処分の根拠となった第三者委員会報告書は、不正会計に関与したとされる幹部社員の行為について「目標達成のプレッシャーを与える過程に関与していた」などと厳しく非難している。それに比べて、「出勤停止1日」「減給」「けん責」という処分が、あまりにも軽すぎると思ったからである。

社員に対する懲戒処分の内容は、企業によって異なるが、一般的にはいくつかの段階がある。最も重いのは「懲戒解雇」だ。詐欺や横領といった刑事罰に問われるような行為をした場合はこの処分になる。退職金は支払われない。

次いで重いのが「諭旨退職」だ。行った行為は重大だが、これまでの会社への貢献を勘案して、自主的に退職願を提出する形にする。退職金は支給されることが多い。

それに次ぐのが「休職（停職）」だ。休職は3カ月とか6カ月といった長期になるほど重くなる。休職中の賃金は一部支払われる場合と支払われない場合がある。1日、あるいは1週間のような短い場合は「出勤停止」と呼ぶ場合もある。

それと同様に重い処分が「役職解除」だ。部長の役職が解除され平社員になれば、「降格」であり、給料は一気に減る。これより少し軽いのが、「役職停止」だ。1カ月、2カ月など、一定期間で役職は元に戻る。

そして「減給」。これは一見、それなりに重い処分と思われるかもしれない。ところが社員に対して減給をする場合、労働基準法で限度額が決められているのだ。わかりやすく言うと「月給の60分の1まで」。月給が30万円なら、5000円までだ。役員の場合は報酬返上10％や20％があるが、社員にそれはできない。

そして「けん責」が最も軽い処分だ。始末書を書かせ、反省を促すことが一般的だ。ただ、注意しなければいけないのは、最も軽い「けん責」であっても、次の昇給が自動的に見送られるケースがあることだ。

東芝の26人の懲戒処分は、一般的な処分のうち、軽いものが三つ選ばれている。ある東芝社員は、「これではきちんと責任をとったことにならない」と感じたという。

それはそうだろう。東芝は不正会計の発覚で経営危機の崖っぷちに陥った。2015年度中に1万人もの人員整理が行われる。1万人が職を失うという結果の重さと、懲戒処分の「軽さ」の間にギャップがありすぎるからだ。

そして、この懲戒処分には、社員がさらにあきれ、やる気をなくす内容が含まれているのである。

## 3　〝粉飾チャレンジ〟東芝に半沢直樹はいなかった

出勤停止1日、減給、けん責——。不正会計に関わった幹部社員26人に対して東芝が昨年11月9日付で行った懲戒処分は、リストラの荒波にさらされる社員の怒りと憤りを増幅させている。「これで不正会計の責任をとらせたことになるのか」と、疑問を残す処分内容だったからである。

「出勤停止1日っていったい何？　有休休暇を1日取って休むのとどう違うの」。社員同士のひそひそ話が交わされた。

なかでも、社員の不満の対象になっているのは、懲戒処分を告知した文書で、対象者26人のうち筆頭に置かれた財務部トップの処分が「減給」だったことだ。「減給」は、社員の懲戒の場合は限度額が「月給の60分の1」だ。この財務部トップは、不正会計が認定された4案件のうち、三つの案件に関与していたと認定された。懲戒処分された26人の幹部社員で、三つの案件に関与していた者はほかにいない。不正会計にまったく関与せず、知りもしなかった社員1万人が人員整理で会社を離れるのと比べ、あまりの落差だ。

財務部は本来、不正会計の最初の防波堤になるべき部署だ。利益水増しを無理やり求めるトップがいたら、「それは許されません」と体を張って反対しなければならない。ところが、東芝の財務部はどうだったか。第三者委員会の報告書は、財務部について次のように指摘している。

「財務部は、決算処理に関する関与としては、主として、各社内カンパニーが作成した決算をとりまとめて連結決算のための対応を行うのみであり、各社内カンパニーにおける会計処理が適切であるか否かをチェックする役割を果たしていなかった」

単なる決算のとりまとめ役にすぎなかったというのである。だが、報告書は次の記述で、財務部が単なるとりまとめ役ではなく、歴代3社長が激しく利益かさ上げを迫る「チャレンジ」の事務局役を果たしていたことを明らかにする。

「一方で、財務部は社長月例における『チャレンジ』の原案を作成するなどの役割を担っており、当期利益至上主義の下で、各社内カンパニーに対して目標達成のプレッシャーを与える過程に関与していた」

期待された防波堤の役割を果たすどころか、社内カンパニーに利益をかさ上げさせる「チャレンジ」の原案の数字を準備していたというのである。

そして、第三者委員会の報告書は、「一部の案件においては、財務部の担当者自身が、不適切な会計処理が行われている事実を知りながら、何ら指摘・是正するなどの対応をとっていない事実もみられた」と述べている。

不正に気づいたとき、不正を強いられたとき、社員はどうしたらいいのだろうか。「間違っています」と上司に指摘することができるだろうか。

ドラマであれば、半沢直樹のように体を張って異を唱える主人公が出てくる。社長が3日間で120億円の利益改善を部下に求めた大企業・東芝の中には、そうした人物は1人として登場しない。この財務部のトップは、財務部を率いてその後も決算のとりまとめにあたった。そして、社内で早期退職者募集がヤマ場を迎えていたころ、グループ会社に移るとの異動の告知が社内に流れたのである。

これ以外の懲戒処分対象者の多くは、不正会計の舞台になった社内カンパニーの経理部長や事業部長だ。利益かさ上げを指示された社内カンパニー社長の意を受けて不正な会計操作に関わった、あるいは管理責任があった者たちだ。その後の異動でカンパニー社長になった者、グループ会社の役員になった者もいる。

不正会計の舞台になった財務部、そして各社内カンパニーの経理部や事業部には、懲戒処分された部長らの指示で、実際に利益水増しの会計操作をした部下がいたはずだ。誰一人として不正に異を唱えず、誰一人として懲戒処分もされていない。

そうした役職者がこれまで通りの業務を続け、一方で、弱い立場の従業員が、人員整理の対象となって会社を離れていく。

ある社員は「もし自分が財務部トップの立場だったら、リストラされる社員に申し訳なくて、とうてい会社には来られないだろう」と言う。別の社員はこうも言う。「懲戒処分が甘すぎる。これだけ世間を騒がせた責任の重さをどう感じているのか。経営者と従業員との間に、認識のズレがあるのではないか」

グループ会社に移ることになった財務部トップに対しては、とりわけ厳しい目が向けられている。職場の中からクシの歯が欠けるように退職者を出したある部門の社員は「確かにその異動は左遷かもしれない。でも、グループには在籍していて、給料も支払われる。自分の意に反して会社を離れざるをえなかった人に比べると、待遇が違いすぎる」と言うのである。

「懲戒処分をすべき対象者はもっとほかにもいるはず」「不正な利益水増しに関わり、給与や考課、賞与で優遇された役職者は待遇を戻すべきだ」――社内には懲戒処分をめぐるさまざまな不満、批判、怒りの声が渦巻いている。

東芝は再生に向けて社員が結束しなければならないときだ。だが、社員の心はバラバラになっていることを、私はこの取材を通じて強く感じたのである。

## 4　処分でわかった「注文書偽造」と「架空売り上げ」

年度末まであと1週間を切った3月25日。東芝は不正会計に関して再び社員に対する懲戒処分を社内ネットに掲載した。幹部社員26人の懲戒処分を社内ネットで初めて告知してからもう4カ月近く経っていた。前回と同様、「不適切会計案件に関する懲戒処分の件」という題名である。この2回目の懲戒処分は、第三者報告書によって明らかになった不正会計以外の不正についてである。そして、単なる処分以上の、驚きの内容が隠されていたのである。

その告知から10日前の3月15日のことである。東芝は新たに7件の不正な会計処理が発覚し、計58億円の利益水増しがあったと発表した。すでに15年度の第2、第3四半期決算で損失処理したが、公表していなかったというものである。

それまで明らかになっていた利益水増し額は2248億円。それに比べ、金額としては二ケタ小さい。だが、「社内でわかったときに、なぜすぐに公表しなかったのか」と批判する声が出た。

東芝は発表のなかで、担当役員が報酬を一部返上し、関与した従業員40人を懲戒処分したことを明らかにしていた。その40人の処分内容を、3月25日になって社員向けに告知したのだ。

これまで、メディアに一度も取り上げられていないこの文書を経済プレミア編集部が入手し、分析した。すると、対外発表資料ではわからなかった、あきれた不正の中身が明らかになったのである。

40人の処分は大きく二つのグループに分けられる。第一のグループは東芝で行われた不正に関与した10人。処分の中身は、出勤停止3日が1人、けん責が8人、そして現在は東芝を退職してグループ会社に所属している1人が「減給に相当」とされた。いずれも所属・役職と氏名が掲載されている。半数が部長である。

そして、今回とくに問題だと思われるのは、残る30人だ。「東芝グループ会社において確認された不適切な会計処理案件に関して、各社において懲戒処分を実施した」と書かれている。グループ会社名や所属・役職、氏名は記されていない。

案件は3件。このうち「受注に係る交渉中の案件について、注文書の偽造等による架空売り上げ計上」と書かれている案件が2件ある。1件は関与者は4人で、出勤停止10日が1人、減給が2人、けん責が1人。もう1件の関与者は3人で、出勤停止7日が2人、けん責が1人だ。

3月15日の対外発表資料には、「偽造」「架空」といったショッキングな表現はない。対外発表資料で該当すると思われるのは次の案件だ。「国内子会社において、システム導入サービスに関して、営業担当者が得意先との間で受注に係る交渉中であったにも関わらず、売上をおこなった」

対外発表資料と、社内告知文を重ねると、何が行われたかが明らかになる。交渉中の案件にもかかわらず、営業担当者が相手方の注文書を偽造して受注したことにし、架空の売り上げを計上したのだ。

発生時期は14年度下期。不正がわかった後の15年度第3四半期に、2億円の損失処理をしたという。損失処理をしたということは結果的に受注できなかったことを示している。処分内容から想像すると、出勤停止の3人が実際に注文書を偽造し、減給になった者はそれを知っていた、もしくは知り得た立場にあった、そしてけん責になった2人は管理監督責任を問われたのだろう。

これまでに明らかになった東芝の不正は、会計操作による利益水増しだ。今回の「注文書偽造」という手口は明らかに異質だ。なぜ「偽造」にまで手を染めたのか。子会社の社員にも、利益かさ上げの激しい圧力がかかったのだろうか。

指示をした者はいなかったのか。誰にも指示されず、自らの判断で偽造したのか。これが初めての偽造だったのか、過去にも類似の行為をしたことはなかったのか。どうしてこの時期に偽造したのか。さまざまな疑問が湧くが、対外公表資料も社内告知文も、疑問に答えてはくれない。

グループ会社で行われた不正がもう一つ社内告知文に掲載されている。「本来製造原価として処理すべき金額の棚卸資産への計上……」などと書かれている。会計用語が並び難しいが、コストに計上しなければならないものを、資産に計上していた、というのだ。こちらは出勤停止5日3人、同3日3人、減給2人、けん責15人となっている。

東芝は第三者委員会の調査報告書などで明らかになった計2248億円の利益水増しに関与した従業員ら26人には、「出勤停止1日」「減給」「けん責」という懲戒処分がなされた。不正によって失った信頼の重さに比べ、処分があまりに軽いとして、社内で不満の声が飛び交った。

今回の注文書偽造と架空売り上げ計上は、これまで明らかになった東芝の不正会計処理の中でも、手口としては悪質なものといっていい。にもかかわらず、最も重い処分は「出勤停止10日」。これは不正に見合った処分なのだろうか。

いずれにしても、東芝の歴代社長が部下を激しく責め立てて行った不正は、子会社の社員も巻き込んでいたのである。

# 第五章

# 名門企業の相次ぐ「没落」

# 1 「産業革新機構か鴻海か」シャープの選択

経営危機に陥り、人員整理を進めていた東芝と同じ電機業界で、業績が著しく悪化し、自主再建をあきらめ、支援先を探す企業があった。シャープである。シャープは08年のリーマン・ショック以降、経営危機に陥り、銀行から資本支援も受けていた。

東芝は早期退職募集も含めた人件費削減や、事業や資産の売却による自主再建の道を進んでいた。これに対し、シャープはすでに2度にわたって早期退職募集を行い、もはや売却する資産も底をついていた。

自主再建という選択肢は失われており、出資を受ける「身売り先」を選ぶか、それとも破綻か、という東芝よりも険しい断崖絶壁に立っていた。そして、シャープの「身売り先」の候補として、政府系ファンドである産業革新機構と、台湾電機大手、鴻海（ホンハイ）精密工業の2者が手を挙げていた。

シャープは2者と水面下で協議を続けていたが、2016年の年が明けた1月半ばには、産業革新機構の出資を受ける方向でほぼ固まった。産業革新機構は、シャープに出資した後、液晶事業を分社化し、産業革新機構が筆頭株主である中小型液晶大手のジャパンディスプレイと統合させ、東芝や日立製作所など、他の国内メーカーが持つ白物家電事業をシャープに集約する案を提示していた。

東芝も、冷蔵庫や洗濯機といった「白物家電」事業は赤字が続いていた。不正会計発覚による今回のリストラで、売却を検討していた。そして、産業革新機構のシャープ支援が決まれば、白物家電事業を統合する産業革新機構の案に加わる方向で検討を進めていた。2月4日、東芝の第3四半期決算発表の記者会見で、室町正志社長は白物家電の再編の検討状況について聞かれ、「2月末までには何らかの方向をお伝えできればいいと考えている」と合意が近いことを匂わせていた。

ところが1月末以降、鴻海が急な巻き返しを見せる。鴻海は基本的にシャープを一体で再生する支援策を示していた。そして、産業革新機構を上回る出資額を提示したのである。鴻海はシャープの取引先の銀行に対して追加の金融支援を求めなかった。銀行側はこの鴻海案について、「シャープへの融資金などを回収できる可能性が高い」と評価した。シャープは、銀行主導のもと、産業革新機構の支援を受ける方針を転換し、鴻海の出資を受けることで合意した。東芝はシャープとの白物家電事業の統合をあきらめるしかなかったのである。

## 2 鴻海・郭会長の「独演会」

シャープの支援企業に鴻海精密工業が決まり、4月2日に出資契約書が調印された。日本の電機大手が初めて丸ごと外国資本の傘下に入る歴史的な出来事だった。鴻海の郭台銘(かくたいめい)会長とシャープの高橋興三社長が同日午後、大阪堺市の液晶工場で記者会見を開くことになった。鴻海に買収されたシャープは再生に向かうのか。そのスタートの記者会見がどんなものになるのか。私は新幹線で日帰り取材をすることにした。この記者会見は、予定を50分オーバーして3時間近く続いた、郭会長の「独演会」だったのである。

会見の場に選ばれた液晶工場こそ、シャープ落城の最大の原因だった。敷地面積127万平方メートル。東京ドーム28個が入る広大な敷地に液晶工場など大型施設が並ぶ。09年に稼働したこの工場への巨額の設備投資が裏目に出て、窮状に陥った。それを考えれば、この地で鴻海の傘下に入る契約が結ばれたのは皮肉だ。

液晶工場には堺駅から専用バスで送迎された。バスでないと、この広大な敷地の中の建

シャープの高橋興三社長(左)にマフラーをかけ、肩を組んだ鴻海の郭台銘会長
(堺市で2016年4月2日)

物にたどり着けない。そして、大型施設の入り口のすぐ横に、記者会見場が設営されていた。

定刻の午後3時を少し回り、シャープの高橋社長に続いて、満面の笑みを浮かべた郭会長が記者会見場に姿を見せた。郭会長はしきりと高橋社長に話しかけ、ときには握手するなど、２人の良好な関係を見せつける。

「シャープの１００年超の歴史、技術革新のリーダーとして果たしてきた役割を尊敬する。創業者の早川徳次さんの技術革新、勤勉、高潔さは、今でもシャープの社員に息づいている」。郭会長の冒頭のあいさつは、シャープと社員への最大限の賛辞で始まった。

「シャープも鴻海もグローバルな企業だ。両者が補完し合い、一緒に成功できることをわかったうえで出資する案件です」。鴻海は３８８８億円を出してシャープの発行済み株式の66%を握り、経営権を得る。「企業買収」以外の何ものでもないが、あえて「出資」という言葉を何度も繰り返した。

流ちょうとは言えないが、わかりやすい英語。会場を見回しながら話す郭会長の口調に、一代で鴻海を世界最大の電子機器受託製造企業に育てた自信を感じる。集まった報道陣やアナリスト約３００人がひと言も漏らすまいと聴き入る。台湾からも報道関係者50人が来日していた。

その台湾報道陣からの質問で、「シャープとどう統合し、文化の違いを乗り越えて国際企業になろうとしているのか」と聞かれると、郭会長は、「台湾メディアなので、共通言語で話ができると話しやすい。ディナー後にでも……」とリップサービスしつつ、「両者は引き続き独立したグループとして存在し、互いの強みを生かして業務を進めたい」と述べた。

鴻海の年間売上高は15兆円余り、黒字額は約5000億円になる。シャープは売上高約2兆8000億円、赤字額は2000億円を上回る。売り上げが5倍以上の強大な企業が、経営が行き詰まった企業を買収する。経済合理性だけを見れば、不自然さはない。

だが、シャープは08年のリーマン・ショック前まで、液晶で世界のトップを走っていた。それからたった8年で経営が行き詰まり、日本の大手電機メーカーとして初めて海外企業の傘下に入る。アジアの新興勢力との競争で苦境に陥った日本勢の象徴としても注目される。

郭会長は、英語名の通称で「テリー・ゴウ」と呼ばれ、1日16時間働く猛烈な仕事ぶりで知られる。決断のスピードが速い「ワンマン経営者」であり、外部にはときとして「独善」と映ることもある。記者会見では、郭会長のこうした一面が垣間見えた。報道関係者は本音を引き出すため、記者会見でわざと挑発する質問を投げかけることがある。テリー・ゴウ氏の「コワモテ」ぶりは、そうしたやりとりのなかで引き出された。

鴻海は2月、シャープに対し4890億円で株式66％を取得する提案をしていた。ところがその後、シャープが示した「偶発債務リスト」と呼ばれる資料をことさらに問題視して出資額を値切ったと言われている。66％の比率は変わらないまま、出資額は約1000億円減り、3888億円になった。交渉では一枚も二枚も上手の郭会長が、最終局面でシャープの失策を突いたというのが一般的な受け止め方だ。

記者の一人がこの交渉の経緯を取り上げ、「経済状況が厳しいなか、株式の代金支払い終了までに、さらに減額する可能性はあるのか」と尋ねた。代金の払い込み期限は10月に設定された。郭会長が出資額をさらにケチる可能性があるのか、という問いかけだ。ふつうの企業が相手なら、契約調印後の質問としては失礼にあたるかもしれない。ただ、郭会長はシャープへの出資契約を撤回した過去もある。こうした懸念を持たれても不思議はない。

「今回の出資で重要なのは、価格より価値だ。過去の数字の話をするより、将来の価値の話をしたい。そういうことでよいでしょうか」。郭会長はこう記者に答えた。

記者が「確認させてください。出資額を減額する可能性はあるんですか」と再質問すると、郭会長の笑顔は消え、「申し訳ないが、質問の意味が理解できない。どういう意味ですか」と言い始めた。最後に「NOT（ありえない）」と声高に答え、この記者とのやりとりを打ち切った。郭会長から「よいでしょうか」と言われれば、たいていの相手は引き下がるのだ。

別の記者は、「今後、シャープの従業員をどれぐらいクビになさるんですか」と、刺激的な表現で尋ねた。人員整理の有無は当然、注目の的だ。これに対して郭会長は、丁寧な言葉で答えた。

「鴻海では毎年、個人の業績を理由に社員の3〜5％の人に辞めてもらっている。日本については最善を尽くし、全員に残っていただけるように考えている。とくに若い人には適切な職務を見つけ、適切な責任とチャンスを与える必要がある」

日本の大手企業の場合、一般的には社員が個人の業績を理由に退職を迫られることはない。しかし、鴻海の場合は、数は少ないが毎年当たり前に行われているというのだ。日本と台湾の雇用制度の違いが底流にあるのだろう。シャープの場合は人員削減ありきではないが、その可能性は消さない。人員削減の質問を受けることを予想し、十分に準備した発言に違いない。

この時点で会見の時間は予定を40分ほど超えていた。司会者から「最後の1人」として指名された記者が質問した。「今後、交渉がうまくいかなくなれば、液晶事業は鴻海が優先的に買い取ると契約にある。なぜ、こんなモノを契約に入れるのか。出資条件が二転三転したが、これから先、その可能性があるのか」

これに対して郭会長は、「契約にはそういう条項があるが、実際に破談することはないと思っている。9がたくさん並ぶくらいの確率で成功すると思っている。万が一のためにその条項を入れているだけ」と早口でまくし立てた。

そして、「これからはイグゾー（シャープの持つ最先端の液晶技術）ですと申し上げて会見を終わりたい」と述べ、英語から日本語への通訳が始まりもしないうちに立ち上がった。司会者も無視。カメラマンの前で高橋社長と握手した後、さっさと会見場を後にした。シャープの社員は、これから幾度となくこうした場面に遭遇するのだろう。

## 3　早期退職を2度募ったシャープ

ここで、シャープの経営悪化の道を振り返ってみよう。シャープは2000年代初めから液晶に注力し、三重県の亀山工場で作った液晶パネルを搭載したテレビ「亀山モデル」が一世を風靡（ふうび）した。07年3月期と08年3月期連結決算で2年連続して約1000億円の最終（当期）利益を計上し、我が世の春を謳歌した。そして、09年には約4300億円を投じ堺市で新しい液晶工場を稼働させたのである。

ところが、その1年前に起きたリーマン・ショックの影響で、テレビ向け大型液晶パネルの需要が急減していた。堺工場への過剰投資の重荷でシャープの経営は一気に悪化する。09年3月期に最終赤字約1200億円を計上。12年3月期には赤字は3760億円に膨らむ。堺工場は一度も黒字にならず、積極策が裏目に出た。需要が急減していたのに、なぜ過剰な設備投資を強行したのかと批判された。このあたりは、約5400億円という巨費を投じてウェスチングハウスを買収し、投資負担に苦しんできた東芝と重なるものがある。

シャープの当時のグループ従業員数は約5万7000人だった。希望退職を含め1万人規模の削減を行い、ボーナス半減や賃金カットも実施して経費を削減した。国内外の資産売却で約2000億円の資金を捻出し、銀行から追加融資も受けた。東芝が取り組んでいるリストラ策を、シャープは3年ほど前に実施していたのである。

そして、韓国サムスンや中国の新興企業の追い上げを受けて採算が悪化したテレビ向け大型液晶パネルの在庫の評価損を計上した。さらに、将来の税負担軽減を見込んで計上していた繰り延べ税金資産の取り崩しも加わり、13年3月期に、なんと5450億円という巨額の最終赤字を計上した。このときの売上高は約2兆5000億円。2年連続でこれだけの赤字を出せば、ふつう経営は立ち行かなくなる。

シャープはリーマン・ショックの直前の08年3月期に、1兆2000億円を超す純資産があり、自己資本比率は40％に達していた。超優良な財務基盤を誇っていた。ところが5年後の13年3月期の純資産は約1350億円、自己資本比率はたったの6％になった。東芝は不正会計の発覚により、1年で天国から地獄に突き落とされたが、シャープは5年かけて天国から地獄への道をたどったのである。

シャープの悲劇は、業績悪化がそこで止まらなかったことだ。14年3月期こそ110億円の最終黒字をひねり出した。ところが、その年の後半から、再建の柱として位置づけたスマホ向けの中小型液晶の価格競争が激化した。再建の柱と考えていたのに、採算割れを起こしてしまう。こうして15年3月期に、再び2220億円の最終赤字を計上する。自己資本比率は1・5％と債務超過スレスレになり、主取引銀行2行に資本支援を要請した。ちょうどこのころ、東芝の不正会計が発覚している。

シャープはさらに経費削減を進めるため、2度目の早期退職募集を行う。そして、銀行はシャープからの要請を受け、約2000億円の融資を出資に振り替えた。「融資を出資に振り替える」とは特別な対応だ。融資は返済義務がある。出資は返済義務はなく、経営破綻すると紙くずになる。このため、融資を出資に振り替えてくれとお願いしても、銀行はふつうまったく相手にしない。ただ、シャープが破綻すると、融資も焦げ付く可能性があり、背に腹は代えられなかったのだ。この結果、シャープの15年6月末の自己資本比率は12・3％に回復した。

銀行から特別待遇を受けたのに、シャープは半年も経たないうちにまた赤字が膨らんだ。中小型液晶の市況は回復せず、業績はずるずる悪化していく。15年の後半から年末には、もはやシャープの再建が困難な状況がはっきりしてきた。そして、台湾・鴻海精密工業へのシャープの身売りが決まるのである。

鴻海とシャープが買収契約を結び、郭会長と高橋社長が４月に堺市で共同記者会見を行った後も、鴻海とシャープは出資に向けた大詰めの協議を水面下で進めた。そこで大きな問題となったのは追加の人員削減である。鴻海の郭会長は記者会見で、「全員に残っていただけるように考えている」と発言したが、それを額面通りに受け取った人は誰もいない。問題になったのは、シャープが5月に発表した16年3月期決算が、想定以上に悪化していたことだ。最終赤字は２５５９億円。前の年より３００億円余り赤字額が膨らんだ。その結果、純資産はマイナス３１２億円。つまり、負債が資産を上回る債務超過に陥ったことが明らかになったのである。

企業は債務超過になったからといって、ただちに業務がストップするわけではない。シャープは、鴻海からの出資を受けさえすれば、債務超過から抜け出せる。だから、決算で債務超過が明らかになっても、業務が滞らず、社員も取引先も銀行も平然としていられるのだ。もし債務超過から脱する道筋がなくなれば、株式が売り込まれて信用不安が膨らむ。取引先は物を納入しなくなり、業務を続けることができなくなる。

ふつうはありえないことだが、万が一、「鴻海が買収契約を破棄」というニュースでも流れようものなら、会社更生法申請など、法的整理の道に進まざるをえないだろう。つまり、「サドンデス（突然死）」ということだ。ただ、その場合でも、社員がすぐに解雇されるわけではない。何が「サドンデス」かというと、会社に貸したお金や、部品などを納入した代金が戻ってこなくなるということだ。

債務超過に陥るほど業績悪化が進んだということは、シャープ再建がさらに険しい道筋になることを予想させる。鴻海とシャープは経費を一段と圧縮するため、どの程度の人員削減が必要か、水面下で協議していると見られる。

シャープの決算発表から10日後。5月22日の日曜日のことである。大手新聞各紙を開くと、「シャープは、これからも、シャープです。」と書かれた全面広告が目に飛び込んできた。そこには次のようなメッセージが記されていた。

「私たちは今、大きな節目を迎えようとしています。何が変わるのか。どう変わるのか。再出発に向け、数々の改善すべき点があることを深く認識しております。しかし、私たちはそれ以上に、『変わらないもの』をこそ大切にしたいと思うのです」

その変わらないものは、「経営信条である『誠意と創意』」と、「『品質』とサービス」であると続いていた。そして、シャープが数日後に発売することになっている、モバイル型ロボット電話「ロボホン」が左手を挙げて、読者を見つめる写真が掲載されていた。

シャープは鴻海の傘下で、大きく変わることになるだろう。どう変わるのか、経営者も社員も想像がつかないと思う。こうしたメッセージ性の高い全面広告を出すことはもうなくなるかもしれない。だが、この広告に書かれているように、「誠意と創意」と「品質とサービス」を変わらず持ち続けることができれば、顧客に信用される企業としてこの先も存在し続けるだろう。

ロボホンは、愛らしい姿とチャーミングな動作でとても評判がいい。鴻海傘下に入ったシャープが、郭会長の強烈な薫陶のもとで、持ち前の「誠意と創意」を発揮して、どのような商品を生み出していくのか、不安と期待が交錯するのだ。

## 4 中国・美的集団への白物家電売却

シャープが鴻海精密工業の傘下に入ることが明らかになり、東芝は白物家電事業をどうするか、戦略の練り直しを迫られた。そして、中国家電大手の美的集団（広東省）への売却が浮上するのである。美的集団は、エアコンや洗濯機などを手がける中国の大手家電メーカーだ。「Ｍｉｄｅａ（ミデア）」というブランド名で展開している。２０１４年12月期決算の売上高は約2兆6000億円、最終（当期）利益は約2200億円。企業の規模としてはシャープと似通っている。

1968年に創業者の何享健氏が中心になって設立した。当初はプラスチック加工などを行っていたが、金属加工や発電機事業などを経て80年に家電に参入した。エアコンに強く、売り上げの約5割を占める。英国調査会社によると、15年のエアコンの市場占有率（シェア）は17・7％で世界2位。白物家電は4・6％で同2位。アジア太平洋地域に限れば白物家電のシェアは10・5％で首位に立つ。

冷蔵庫、洗濯機といった日本メーカーの白物家電は、かつてアジアを中心に世界に進出していた。ところが、韓国や中国といった新興国のメーカーが安価な人件費を背景に価格競争を仕掛けてきた。高コスト体質から抜け出せない日本メーカーは劣勢に陥り、次第に競争力を失っていった。東芝の経営者にとって、この10年以上、不採算に陥った白物家電の構造改革は課題だった。だが、結果として手をつけられず、不正会計をきっかけとした経営危機で、ようやく動くことになったのだ。

技術力とブランド力を狙う新興国のメーカーに、切羽詰まった日本メーカーが事業売却することが続いている。アジアの新興国のメーカーが知名度のある企業を次々と傘下に収めていった。中国のハイアールが12年にパナソニック子会社の三洋電機から冷蔵庫事業などを買収し、米ＧＥの家電部門も買収した。中国の聯想(レノボ)グループがＮＥＣのパソコン部門を事業統合した。台湾・鴻海のシャープ買収もこうした流れの一つだ。

日本の冷蔵庫の大容量化技術や、世界の市場で成功したブランド力は、アジア系メーカーがもっともほしい部分でもある。今、すべてのモノがインターネットにつながる「ＩｏＴ（モノのインターネット）」と称される時代の到来がしきりに言われている。家電から得たデータを利用した新たなサービスの登場によって、家電の買い替えが進む可能性がある。そのときに日本メーカーの持つ技術やブランドを活用したいとの思惑だ。ＩｏＴ時代が本格的に到来しても、こうした日本の電機メーカーは、ＩｏＴを載せて新たなサービスを展開する白物家電を失っていることになるのだ。

とはいえ、危機に陥った東芝は先のことまで考える余裕はない。３月末に、中国家電大手の美的集団に、白物家電を扱う子会社「東芝ライフスタイル」の株式の80％を５３７億円で売却すると発表したのである。美的集団は冷蔵庫、洗濯機、掃除機といった家電機器を、東芝ブランドで今後も販売する。新潟県の工場など国内拠点も引き継ぐ方向だという。

シャープの鴻海への身売り、そして東芝の白物家電事業の美的集団への売却。今の日本の電機産業の置かれた状況を象徴する出来事だった。

## 5　三菱自動車、三たびの不正

このころ、東芝やシャープと同様、誰もが知っている大企業が1社、突然、危機に陥っていた。そのニュースは4月20日の午後3時すぎ、「ピロピロリン♪」という音とともにNHKのニュース速報で飛び込んできた。

私は毎日新聞東京本社の3階にある経済プレミア編集部でパソコンに向かい、原稿を整理していた。慌ててテレビ画面を見ると、「三菱自動車が燃費試験で不正　相川哲郎社長が会見へ」という速報が目に入った。「あの三菱自動車でまた?」と誰もが思ったのではないか。三菱自動車は2000年と04年にリコール隠しが発覚し、一時は経営危機に陥った。三菱グループの支援を受け、最近になってようやく業績が回復していた。

相川社長の記者会見は午後5時から国土交通省で行われるという。とりあえず記者会見に行き、社長の説明を聞いてみなければ――。私は慌ててリュックにノートとカメラをしまい込み、出かける準備を始めた。

記者会見で相川社長は、売れ筋のeKワゴンなど、軽自動車4車種で燃費データの不正が行われていたと説明した。そして、三菱自動車はこの車種の生産と販売を即日中止した。偽装された燃費データの車は販売できないからだ。まさに、経営問題に直結する内容だった。

相川社長は翌週の4月26日に2度目の記者会見を行い、事態がより悪い方向に拡大する。不正が行われた燃費データ算出のもとになる走行抵抗試験の方法が、1991年以降に販売したほとんどの車種で、国内法規で定められたのと異なる方法で行われていた、というのである。

記者会見では、違法な試験方法が長年にわたって続けられた原因について記者の質問が集中した。相川社長は、「誤っていると認識しながらやっていたのか、20年以上前のことでよくわからない」と苦渋の表情を浮かべた。そして「外部調査委員会の調査ではっきりさせたい」と繰り返した。

外部調査委員会に委ねることを「いけない」と言うつもりはない。ただ、昔のことを調べ切れないという発言に、社内調査を徹底させる覚悟のなさを感じたのだ。昔のことだから調べにくいのは外部調査委員会も同じではないか。不正の事実関係と原因の調査という肝心な部分を外部に委ね、信頼回復ができるのか、という疑問だった。

燃費データ不正が発覚した三菱自動車は5月11日に、益子修会長が相川哲郎社長と並んで記者会見を開いた。益子会長がこの問題で公の場に登場するのは初めてだった。その場で、燃費データ走行抵抗値の試験をしたのは、子会社「三菱自動車エンジニアリング」の管理職であることを初めて明らかにする。

この記者会見にあたり、三菱自動車は「国土交通省への報告について」という1枚の発表資料を配布した。そこには「当社製軽自動車4車種の調査について」として、5項目の説明が書かれていた。概要は次の通りである。

①燃費をよく見せるための走行抵抗の不正な操作は、14型「eKワゴン」「デイズ」（2013年2月申請）の燃費訴求車の開発で始まった。他の類別や各年式変更車などは、走行抵抗は燃費訴求車のデータから机上計算された。

②燃費目標は計5回引き上げられた。現実的には達成困難でありながら、根拠に乏しい安易な見通しに基づく開発が進められた。

③担当者らは燃費が「商品性の一番の訴求ポイント」と認識し、開発関連部門の管理職・

役員からの燃費向上の要請を必達目標と感じていた。

④開発関連部門の管理職（複数）は、業務委託先とのコミュニケーションを十分に行っていなかった上、高い燃費目標の困難さを理解していたにもかかわらず、実務状況の確認をしなかった。

⑤再発防止策は抜本的な改革を検討している。

このうちの④に書かれた「業務委託先」が、子会社の三菱自動車エンジニアリングのことだ。この資料をもとに説明にあたった三菱自動車は、子会社の社員が社内調査にどう答えたかなど、具体的なことを一切明かさなかった。

そして、益子会長は、この会見の際、記者から「不正の実態の解明にこれだけ時間がかかっているのはなぜか」と聞かれ、「軽自動車は全容解明できたと思っている」と答えたのである。

この益子会長の発言に、私は一瞬、耳を疑った。三菱自動車の説明を聞いていると、全容解明など、ほど遠かったからだ。その場にいた記者はほぼ全員がそう思っただろう。

そして、この会見の2日後、新聞各紙に「三菱自動車本社が改ざん指示」という見出しの大きな記事が掲載されたのだ。

毎日新聞には、次のように書かれていた。

「三菱自動車が国交省に行った報告では、燃費目標が5回引き上げられる中、目標を達成できないと相談してきた子会社の管理職に対し、三菱自本社の性能実験部の管理職が都合のよいデータを選ぶよう不正を指示していたとしている」

この記事の「国交省に行った報告」とは、11日の記者会見の直前に行った報告のことだ。とすれば、三菱自動車は国交省には「本社が不正を指示していた」と報告しながら、その後の記者会見ではそれを伏せていたことになる。

改めて11日の記者会見を思い出すと、益子会長と相川社長と並んで座っていた三菱自動車の開発本部長は、「(三菱自動車の社員が子会社に）指示を出したり、容認したりした可能性がある」と話していた。国交省には、不正の指示をしていたと報告しながら、記者会見ではあいまいな説明をしていたのだ。

## 6　二転三転する三菱自動車の説明

益子修会長、相川哲郎社長は、この記者会見の1週間後の5月18日、再び記者会見に登場する。燃費データ不正に関して、三菱自動車が開く4回目の記者会見だった。その場で三菱自動車は、A4判で4枚の資料を配り、軽自動車4車種の不正の事実関係と背景、原因について、改めて詳しく説明したのである。

それによると、子会社である三菱自動車エンジニアリングの管理職が、燃費データのもとになる走行抵抗値を算出する試験をタイで行ったが、想定通りの数値が得られなかった。このため、不適切な低い値のデータを使って、机上計算した走行抵抗よりさらに低い値を作成。三菱自動車の性能実験部の管理職に提示した。性能実験部の管理職は不適切と知りながら承認したという。

益子会長は「三菱自動車は軽自動車の燃費とりまとめについて子会社に委託、丸投げしていた。その子会社が、性能が良くなっている軽自動車の開発をする実力を持っていなかった。力のない子会社にレベルの高い車の開発を丸投げし、(子会社は)支援がないままデータ改ざんに追い込まれていった」と述べた。

三菱自動車は、5月11日に開いた3回目の記者会見で、走行抵抗値を算出する試験は子会社が行っていたことを初めて公表した。そして、三菱自動車の性能実験部の管理職からの「不正の指示」については、「指示はされていない」「相談はあったのではないか」と説明を二転三転させた。

この日の記者会見では、三菱自動車が3回目の記者会見できちんと説明しなかったことについて、記者から厳しい質問が出た。

「5月11日に会見をされる前に、国土交通省に対して、『三菱自動車から子会社に、不正の指示があった』と書かれた報告書を出している。それなのに、なぜ記者会見ではそれを言わなかったのか」

これに対して、益子会長の隣に座った開発担当の中尾龍吾副社長が答えた。

「5月11日の会見の時は、管理職からの（不正の）指示が今ひとつあいまいだった。指示だったのか提案だったのか、今ひとつはっきりしていなかった。三菱自動車から子会社に指示する立場にあるので、（報告書で）指示という言葉を使ったが、はっきりしていなかった」

さらに次のように付け加えた。

「1回目の記者会見の時に、『性能実験部の部長が（私がやりましたと）言った』と説明した。そうしたら、性能実験部の部長経験者の家族に取材陣が来て、迷惑がかかった。はっきりするまでは言えないという考えのもとで言わなかった」

記者は食い下がった。「相川社長の名前の報告書だ。そこに『不正の指示があった』と書かれている」「改めてうかがいたい。誰の責任で誰の判断でこの不正が行われたのか」

今度は相川社長が答えた。

「言ってまた違っていたら、ということで（前回の記者会見では）はっきり申せなかった。データ不正は、三菱自動車の性能実験部のマネジャー（管理職）が、子会社の三菱自動車エンジニアリングの担当者から出てきた数字を認めてしまって、時間がなく、取り直しをせずに数字を使ってしまった」

軽自動車4車種の不正を誰が行い、誰がそれを認めたかという事実関係のとっかかりの部分が、4回目の記者会見でようやく明確になったのだ。

この日の記者会見で、三菱自動車は、「パジェロ」「RVR」「デリカD:5」、そして「アウトランダー」でもデータを机上計算するなどの不正が見つかったと発表した。

こうした車種は、法で定められた「惰行法」ではなく、「高速惰行法」というやり方で走行抵抗を測定していた。さらに、法定の書類を作成する際、試験日や天候、気圧、温度で事実と異なる記載をしていたという。事実と異なる記載をしていた理由については、明確な説明はなかった。これ以外に、100キロの重量の積載が必要だったのに、それをせず、机上計算で上乗せしていたり、タイヤの改良の際に、机上計算をしていたりといった不正もあった。

記者会見は約2時間続いたが、軽自動車から他車種に拡大した燃費データ不正の全容解明には、ほど遠い説明だった。そして、相川社長と中尾副社長は、6月末の株主総会で辞任することになった。

燃費データ不正が発覚した三菱自動車に対して、日産自動車のカルロス・ゴーン社長が電撃的な決断をした。三菱自動車に対して2370億円を出資し、株式の34％を取得して傘下に置くというのだ。ゴーン社長の経営身上は、「スピード」だ。今回の三菱自動車への出資交渉が急テンポで進んだのは、ゴーン社長の決断の速さによる。この経営判断が成功するには、三菱自動車が一刻も早く、燃費データ不正の全容を解明することが必要になる。だが、三菱はその作業にもたついている。

何度も不正を繰り返す三菱自動車。東芝も、不正の根っこを根絶させなければ、三菱自動車の轍（てつ）を踏むことにならないだろうか。名門企業で相次ぐ不正と、繰り返される記者会見での弁明を面前にして、私はそう感じたのである。

資本提携を発表する日産のカルロス・ゴーン社長と三菱自動車の益子修会長（右奥）
（横浜市神奈川区で2016年5月12日）

# 第六章
# 指名委員5人で決めた
# トップ人事の超異例

# 1　中継ぎ・室町社長が後任に託す再生への道なき道

東芝の現経営陣の中で、不正会計の発覚から1年経つのを前に、経営体制を刷新する準備が水面下で始まっていた。室町正志社長は、不正会計が行われた旧経営体制で会長を務めていた。第三者委員会は、室町氏は不正に関与していないと認定した。だが、不正が行われた企業風土を刷新し、失われた信頼を回復するには、新生・東芝の新しい顔が必要という声が強まっていた。

原子力事業の減損処理を発表した２０１６年４月26日の東芝の記者会見。ここで、室町社長に対して、社長としての進退を尋ねる質疑があった。記者が「社長人事についてうかがいたい。東芝の指名委員会が検討を始めているという報道があった。東芝は特設注意市場銘柄の解除に向けて道半ばだ。室町社長自身は、進退についてどう考えているか」と質問した。

これに対して室町社長の答えは次の通りだった。

「指名委員会で議論していただいている最中だ。継続して議論していただいて、最終決定は連休明けがメド。5月12日の決算発表まではその辺の報告ができる形になると思う」

そして次のように言葉をつないだ。

「指名委員会の会合は何回か行われている。必ずしも私が陪席できないこともあり、詳細はコメントするわけにいかない。私の進退についてもすべてお預けしている。特設注意市場銘柄の状況で社長人事を行うのか、という点についても、指名委員会は十分に配慮したうえでの検討と考えている」

この記者会見の数日前に、新聞各紙が「室町社長が6月の株主総会で退任し、後任に綱川智副社長が昇格する方向」という記事を一斉に報道していた。綱川副社長は医療機器部門の担当が長い。同部門は不正会計に関与しておらず、新経営体制の中で副社長に就任し、経営企画部門を率いて医療機器子会社の売却などを手がけた。

室町社長は、こうした報道内容をとくに否定もせず、ゴールデンウィーク明けには決定し、公表するという説明だった。指名委員会は、社外取締役5人で構成される。委員長は小林喜光・三菱ケミカルホールディングス会長だ。

記者会見で室町社長進退の質疑があったのはそのときが初めてではない。3月18日に16年度の事業計画の説明を行った記者会見でもやりとりがあった。その際には、記者から「事業計画の発表で、室町社長の仕事は一段落とも思えるが、バトンタッチについてどう考えるか」との質問だった。

室町社長は「難しい質問です。一段落というのは時期尚早で、私の進退は指名委員会に委ねられている。私から何か申し上げることは控えたい」と慎重な言い回しで答えた。ただ、室町社長の表情は、これまでの会見の中で初めて緩んでいた。記者の質問の「仕事が一段落」という言葉が心の琴線にふれたかのようだった。

そして4月26日の会見で、原子力事業の減損や業績予想の修正を説明する室町社長は、極めて淡々としていた。不正会計の批判の矢面に立った自らの役割が、最終コーナーを回ったとの思いが表れていたのだろう。

ただ、将来の収益の柱と期待された医療機器子会社を手放し、東芝の今後の柱は「半導体」、「原子力」、そして電力システムを中心とする「社会インフラ」になる。半導体の市況は悪化している。

ライバルの韓国電機大手、サムスンの決算が上向いたことを会見で問われ、室町社長は、東芝の半導体事業の中心であるＮＡＮＤフラッシュメモリーについて「収益力が従前に比べ落ちていることは認識している。足元は厳しいが、7月以降には改善することを期待している」と述べた。室町氏は、収益力回復という大きな課題を後任に委ねたのだ。

## 2　資生堂オフィスで行われた候補者との面談

そして、その室町社長に代わる社長を決める人事選考は、数カ月前には本格的な作業が進んでいた。話は数カ月ほどさかのぼる……。

1月後半の週末。東京・銀座にある資生堂のオフィスに、緊張した面持ちで入っていくスーツ姿の男たちがいた。その数10人弱。

オフィス内の会議室で男たちを待ち構えていたのは、小林喜光・三菱ケミカルホールディングス会長、それにこの日場所を提供した前田新造・資生堂相談役ら5人。室町社長に代わる東芝の次期トップを選ぶ指名委員会のメンバーだ。

スーツ姿の男たちは、東芝の副社長をはじめ、社内の幹部たちだ。1人ずつ、会議室に招き入れられ、指名委員会の委員の面談を受けた。

15年9月末の臨時株主総会で、室町社長をトップとする東芝の新経営体制が発足した。取締役11人のうち、社外取締役が7人。指名委員会は全員、社外取締役になった。そして、ほどなく、室町氏の後任の選考に入る。

当初は社外の経済人も含めて検討された。東芝は戦後、経営危機に陥った際に、社外から社長を招いたことがある。逓信省（現在の総務省）官僚を経て第一生命保険社長を務めた石坂泰三氏や、石川島播磨重工業（現ＩＨＩ）社長だった土光敏夫氏だ。石坂氏は１９４９年から57年まで、土光氏は65年から72年まで東芝の社長を務めた。２人ともその後、経団連会長に就任している。

不正会計で東芝の企業イメージは地に落ちた。そして、新体制に移行してからも、米原子力子会社の「減損」の隠蔽が発覚するといった、旧体制を引きずった不祥事が後を絶たなかった。

指名委員会では、社外の具体的な経済人が複数、候補として挙がった。特定の人物を推す指名委員もいた。だが、指名委員会の委員長を務める小林氏らが、「社外よりも社内から」と主張する。

不正会計の発覚後にあらわになった東芝の財務は危機的だった。経済界でいくら知名度があり、経験が豊富でも、直面する状況は極めて厳しいと言えた。社外から招いて一から再建に取り組んでもらう時間的余裕はなく、「即戦力」が必要だったこともある。まして、石坂氏や土光氏に匹敵するような経済人は、そう簡単に見つけられない。

東芝は、不正会計を受け、主力事業を「半導体」「原子力」「社会インフラ」の三つに絞り込んだ。原子力事業は長期的な展望のもとで投資判断をする。一方、半導体はときには、短期間に数千億円という設備投資が必要になる。

幅が広く、しかも異なった領域で的確な経営判断をするには、長年、この業界に身を置き、そこで培った経験と知識と人脈が必要、というのが小林氏らの考えだった。石坂氏や土光氏の時代と今とでは、企業経営の状況もスケールもまったく違うというのだ。

こうした議論の末、指名委員会は室町社長の後継を社内から選ぶ方向でまとまる。室町氏らの意見も聞いたうえで、東芝グループの役員を務める10人弱に候補が絞り込まれる。そして、1月に、こうした候補者への面談が行われたのである。この面談後、候補者はさらに絞り込まれていく。

## 3 新社長に最も近かった「原子力幹部」のアキレスけん

指名委員会による候補者の面談が行われ、絞り込まれた候補者は室町社長を補佐してきた副社長だった。副社長は3人いる。志賀重範氏（62）、綱川智氏（60）、成毛康雄氏（61）。そして、最終的にこのうち2人がトップ候補として残った。志賀氏と綱川氏だ。

成毛氏は半導体事業を担当してきた。東芝は財務基盤が極めて弱い。新たな事態が起きて財務がさらに圧迫されることも想定しておく必要がある。そうした非常時の対応策として、半導体事業を分社化して株式公開することも選択肢の一つとして検討されている。成毛氏は、そうしたときに半導体事業を率いる役割が期待された。このような事情もあり、候補からは外れた。

残ったトップ候補は2人。志賀氏は1979年、東北大学工学部原子核工学科修士課程を修了し、東芝に入社した。原子力畑を一貫して歩み、06年の米原子力大手ウェスチングハウス買収後、ウェスチングハウス統括事業部長となる。すぐに兼務でウェスチングハウス副社長になり、その後会長に昇格する。一時は社長も兼務した。

一方の綱川氏は79年東大教養学部卒。一貫して医療機器事業畑を歩んだ。東芝アメリカメディカルシステムズ社長など、米国、欧州の駐在勤務が合計４回、延べ15年におよぶ海外通でもある。キヤノンへの売却が決まった東芝メディカルシステムズ社の社長を経て、社内カンパニーのヘルスケア社社長を務めた。昨年９月の副社長就任後、経営企画部担当として、東芝メディカルシステムズ売却を仕切り、ヘルスケア社を廃止した。

指名委員会の議論のなかで、当初はトップ候補として一歩、二歩先んじていたのは志賀氏である。東芝が社運をかけて買収したウェスチングハウスの担当として脚光を浴び、経営の中枢にいた実績があった。

一方の綱川氏は、医療機器事業を成長の柱として着実に育ててきた立役者だ。ただ、東芝の中では事業として傍流だった。堅実、温厚な性格ではあるものの、押し出しという面で志賀氏に譲るところがあった。

ところが、志賀氏には決定的なアキレスけんがあった。福島第１原発事故の後、ウェスチングハウスが単体で巨額の減損を計上した際、親会社の東芝の連結決算で減損を計上せず、しかも子会社の減損を隠蔽した。そのときのウェスチングハウス会長であり、東芝の執行役上席常務でもあった。この問題の当事者なのである。

それにもかかわらず、指名委員会は、志賀氏を室町氏の後継の最右翼として議論を続けていた。その風向きが変わる出来事が3月初めに起きたのである。

## 4 社長選考の流れを変えた「文藝春秋」と米司法省

3月10日、月刊誌「文藝春秋」4月号が発売された。そこには「スクープ 東芝『不正謀議メール』を公開する」という衝撃的なタイトルの記事が掲載されていた。記事には次のような説明が書かれていた。

「今回入手した資料は、東芝関係者がやり取りした電子メールの一部で、本人が削除したものを復元したフォレンジック・データも含まれる」「東芝の不正会計を調査した第三者委員会や金融庁、証券取引等監視委員会などが保有しているものだ」

メールを復元した未公表資料を入手したという説明だ。その「文藝春秋」4月号185ページに13年3月のメールとして次のような一文が掲載された。

「E&Yが暴れていて、手を焼いています。財務部から新日本へプレッシャもお願いしています……」

この時期、東芝の子会社である米原子力大手ウェスチングハウスの減損損失を計上するかどうかが、大きな問題になっていた。掲載されたメールは、米国の会計事務所が減損を迫っていて困っている、同系列の新日本監査法人に対して圧力をかけるよう支援してほしい、そんな意味に受け取れる。

これが、東芝の経営陣に対して、ウェスチングハウスのトップが発信したメールだというのである。記事はこのトップを「S氏」とイニシャルで掲載した。当時のウェスチングハウス会長は、東芝副社長の志賀重範氏である。

東芝経営陣の電子メールのやりとりがメディアに取り上げられたのはこれが2回目だ。1回目は15年11月、経済誌「日経ビジネス」のサイトと誌面だった。日経ビジネスは、「スクープ　東芝、米原発赤字も隠蔽——内部資料で判明した米ウェスチングハウスの巨額減損」との見出しで、特ダネ記事を掲載した。東芝はこのとき初めて、ウェスチングハウスの減損を認めた。

文藝春秋の記事掲載と重なるように、もう一つの出来事があった。米通信社ブルームバーグが3月17日、東芝がウェスチングハウスの減損損失を隠した疑いで、米司法省と証券取引委員会（SEC）の調査を受けている、と報じたのである。報道を受けて東芝は翌18日、コメントを出す。「米国子会社が米司法省と証券取引委員会から会計処理問題に関連して情報提供の要請を受けており、これに協力している」というものだ。

同日、事業計画の記者会見を行った東芝の室町正志社長は、この点について質問を受け、「司法省から情報提供を求められ、誠実にお答えしている。まだ調査の初期の段階であり、具体的な疑いが何なのか、まったく認識していない」と答えた。

東芝の指名委員会は、この時期、室町社長の後継者選考の大詰めを迎えていた。絞り込まれていたのは副社長の2人。志賀氏と綱川氏である。それまでの指名委員会の議論では、志賀氏が最有力候補だった。志賀氏はウェスチングハウスの減損の隠蔽問題の当事者の一人であることは認識されていた。

しかし、この問題は利益を水増しした不正会計とは別個の問題として捉えられていた。隠蔽発覚の後に、室町社長が会見で謝罪したことで、一区切りはついたという考え方だ。ところが、後継者選考の大詰めの段階で、「過去のこととして水に流すわけにはいかない」と強く印象づける出来事が相次いだ。

そして、指名委員会が出した最終的な結論は「綱川氏社長、志賀氏会長」だったのである。

## 5 減損隠して「若干グレー」新会長は東芝を再生できるか

ゴールデンウィークの谷間の5月6日金曜日、東芝は記者会見を開き、室町社長に代わって新生・東芝の顔になるトップを発表した。社長には綱川副社長が就任し、空席だった会長に志賀副社長が就任する。室町氏は特別顧問に退く。いずれも6月末の株主総会後に正式に決定するという内容である。

東芝本社ビル39階の記者会見場は、連休の谷間とあって、報道陣の数はいつもより少ない。壇上には、室町、綱川、志賀の3氏と、指名委員会の委員長を務めた小林・三菱ケミカルホールディングス会長も加わった。そして、不正会計と、ウェスチングハウスの減損の隠蔽に関与した志賀氏をなぜ会長に選んだか、小林氏への質問が相次いだ。

記者から、まず「志賀さんと綱川さんの選考過程で、不適切会計との関わりを考慮したと思うが、2人とも『関与なし』という判断なのか」という質問が小林氏に投げかけられた。小林氏は、「（不正会計を認定した）第三者委員会の結論をベースに、それを踏襲して考えた。基本的にはホワイトである。相対的に……、という結論だ」と答えた。「ホワイト」つまり「関与なし」と言った後に、「相対的に」という言い方をし、口ごもった。綱川氏については「ホワイト」と言えたが、志賀氏については「相対的に」と言うしかなかったのだろう。

別の記者から重ねて質問が出た。「昨年11月に公表された役員責任調査委員会の報告書で、志賀さんは（不正会計の）関与者と認定されている14人のうちの1人だ。過去との決別という意味では別の人を選ぶべきだったのではないか」。志賀氏と小林氏の2人に回答を求めたのである。

志賀氏は「私としては当時の役割、責任の中ではきちっと対処したと考えている」と短く答えた。そして、小林氏は次のように答えた。

「若干のグレーという思われ方、その辺は今後、明確にすることが必要だと思うが、そういった過去を議論していたら、なかなか外から連れてくるのがいいのか、内部がいいのか（決まらない）」「今後、本当に強い東芝になるには、これだけグローバルの実績と原子力

握手する東芝の綱川智・次期社長(左)と志賀重範・次期会長(東京都港区で2016年5月6日)

という国策的な事業をやるについては、余人をもって代え難いという、そちらを重く見た」

そして次のように付け加えた。

「電力会社等を含め、副社長より外に向かっては会長という肩書で対応する方が適当だろうということ。分担を明確にした形でやっていただく。対外的なブランドの回復に働いていただくということで、志賀さんを会長にした」

もちろん、過去の議論ばかりしていたら前に進むことはできない。ただ、東芝は今、信頼回復を最優先にしなければならない状況なのである。外部から「グレー」と見られている人に、対外的なブランド回復の役割を担わせることに無理はないのかという疑問が拭えなかった。

別の記者からも質問が続いた。「ウェスチングハウスが12年度と13年度に減損をし、その開示責任があったのは志賀さんだ。ウェスチングハウスの中だけでとどまっていたのか、ウェスチングハウスの会長としてどういう判断だったか」

志賀氏は、「昨年11月に話したように、開示については十分な認識がなかった。ウェスチングハウスの中でとどまっていたという事実はない。東芝にはすべての財務諸表は提示している」と答えた。

10億円や20億円の問題ではない。ウェスチングハウスの減損は2年間にわたり13億ドルを超えている。１０００億円を超える巨額の損失について、本来は公表する義務があった。それなのに「十分な認識がなかった」だけで通そうとする。これも、どう考えても無理があるように思われた。

社外取締役で構成した指名委員会がこうした人事選考を行った、ということは、減損の隠蔽もグレーなまま放置する、ということなのだろうか。新生・東芝の船出を打ち出そうとしたせっかくの記者会見にも、グレーな雲がたちこめた印象だった。

# 第七章
# 社外取締役の存在感

## 1　外部の目による経営への監視

東芝は15年9月末の臨時株主総会で、取締役11人中7人を社外から選んだ。その前は社外取締役は4人だった。不正会計を踏まえて増員した。16年6月の定時株主総会でこのうち1人が退任し、6人になる。取締役会に設けた指名委員会、報酬委員会、監査委員会の三つの委員会は、メンバーをすべて社外取締役にした。外部の目で企業統治を行い、不正会計で失われた信頼を回復させる狙いだ。

取締役会に指名委員会など三つの委員会を設ける制度は、「指名委員会等設置会社」という名前がついている。会社法に基づく制度だ。三つの委員会は社外取締役が過半数を占める決まりになっている。ただ、東芝のように、三つの委員会のメンバーをすべて社外取締役にするという例は、聞いたことがない。不正会計を受けて、思い切った経営改革を行う意思表示だ。

東芝がライバルとして意識してきた日立製作所は、取締役12人のうち社外取締役は8人だ。社外取締役のうち4人は外国人だ。日立は、指名委員会など3委員会は、いずれも社外取締役と社内取締役で構成されている。

東芝と同様に、企業統治の優等生と言われてきたソニーは、取締役12人のうち社外取締役は9人だ。3委員会のうち、監査委員会だけ全員が社外取締役だ。ソニーも社外と社内を合わせて外国人取締役が2人。東芝の取締役に外国人はいない。

ちなみに、大手電機のパナソニックは取締役17人のうち、社外取締役は3人だ。外国人取締役はいない。指名委員会等設置会社ではなく、取締役とは別に専任の監査役を置く監査役会設置会社だ。

指名委員会等設置会社は欧米流の先進的と言われる企業統治制度だ。ただし、他社に先駆けてそうした制度を取り入れたからといって、企業統治がすぐれているかというと、そうも言えない。それは、欧米流の制度をいち早く取り入れた東芝が不正会計を犯していたことで明らかになった。会社のトップが法令や会計ルールをきちんと守る姿勢がないと、いくら先進的と言われる制度を取り入れても、「絵に描いたモチ」になる。

ただ、経営を外部の目で監視させる、という大きな流れは今後も加速していくに違いない。社内で同じ釜の飯で育ち、何十年もともに仕事をしてきた仲間たちだけの論理だけで通せる時代ではなくなった。

日本経済が長く低迷し、海外から投資を呼び込む必要性が叫ばれている。海外からの投資促進に向け、社外取締役をはじめとする外部の目による企業経営に対する監視の大切さがいっそう叫ばれた。そうした時期に、東芝の不正会計が発覚したのである。外部の目を、どういう形で企業経営に取り入れていくか、今は過渡期であり、企業にとって今後も大きな課題であり続けるだろう。

そして、もう一つ、社外取締役の存在が注目された出来事が起きた。舞台となったのは小売業界のトップ企業、セブン&アイ・ホールディングスだ。16年5月、会長兼最高経営責任者（CEO）を務めていた「カリスマ経営者」鈴木敏文氏が退任に追い込まれた人事抗争である。この出来事では、鈴木氏が強引に進めようとした人事案に、社外取締役が歯止めをかけたとして大きな話題になった。

鈴木氏は1974年、コンビニエンスストア、セブン－イレブンを国内で初めて出店した。コンビニという新しい業種を日本に持ち込み、その文化を日本に根付かせた「産みの親であり育ての親」だ。セブン－イレブンをはじめ、スーパーのイトーヨーカ堂、百貨店のそごう・西武を傘下に持つセブン&アイのトップを長年務めてきたが、いきなり人事をめぐる抗争が表面化した。そして、鈴木氏は抗争に敗れ、引退に追い込まれたのである。

私は経済プレミアで、東芝の連載と重なるようにして、このセブン＆アイの人事抗争を記事にした。「カリスマの引き際」というタイトルの5本の連載である。社外取締役と企業統治といった問題に波紋を広げたこの出来事を振り返ってみよう。

## 2　セブン＆アイの人事抗争で果たした役割

発端は、鈴木氏が2月、セブン－イレブン・ジャパンの井阪隆一社長兼最高執行責任者（COO）に対し、5月の株主総会で退任するよう言い渡したことだった。鈴木氏はセブン－イレブンの会長兼CEOでもあった。年齢は83歳。井阪氏は二回りほど年下の58歳。親と子ほどの年齢差がある。井阪氏は7年間、社長を務め、この間、セブン－イレブンは好業績が続いていた。

井阪氏本人には突然で不本意な退任勧告だった。そして、イトーヨーカ堂の創業者である伊藤雅俊セブン＆アイ・ホールディングス名誉会長のもとに駆け込んだのだ。伊藤氏は91歳である。一族でセブン＆アイの株式の約10％を握る大株主の伊藤氏は、鈴木氏が示した井阪氏退任案に最後まで首をタテに振ることはなかった。

ここでのポイントは、セブン＆アイには伊藤氏と鈴木氏という、二人の創業者がいることだ。そもそもの創業者はイトーヨーカ堂を興した伊藤氏だ。そのイトーヨーカ堂に入社した鈴木氏がコンビニ事業に進出し、今では1万8000店を超す日本一の小売り業に育てた。鈴木氏はセブン－イレブンの創業者と言うことができる。

鈴木氏は伊藤氏ほど多くの株式は持っていない。「雇われ経営者」ではある。だが、今のセブン＆アイの業績はセブン－イレブンが引っ張っている。鈴木氏のセブン＆アイでの権勢は、揺るぎないものと思われた。

鈴木氏は井阪氏本人と伊藤名誉会長の同意を得ないまま、井阪氏退任の人事案を、セブン＆アイの指名・報酬委員会に諮問した。これに社外取締役が強く反対し、まとまらなかったのである。セブン＆アイは会社法に基づく指名委員会等設置会社ではない。半年ほど前に「物言う株主」として知られる米投資ファンド、サード・ポイントが大株主になり、トップ人事への透明性が強く求められるようになった。このため、取締役会の諮問機関として、3月に指名・報酬委員会を設置したばかりだった。

指名委員会は、鈴木氏とその側近のセブン＆アイ社長、それに社外取締役2人の計4人がメンバーだ。社外取締役は伊藤邦雄・一橋大名誉教授、米村敏朗・元警視総監である。

社外取締役2人は「好業績を続けてきたセブン－イレブンの社長を交代させる理由はない」として鈴木氏の提示した人事案をはねつけた。指名・報酬委員会は2対2で結論が出なかったのである。

鈴木氏は、指名・報酬委員会での合意のないまま、4月7日に開かれたセブン＆アイ取締役会に人事案を強行提出した。取締役は全部で15人。過半数は8人だ。結果は賛成7、反対6、そして白票2。賛成が反対を上回ったが、過半数を得られず、人事案は否決された。そして鈴木会長は「社外取締役ばかりか、社内からも反対が出た」として、同日午後、記者会見を開いて辞任を表明したのだ。

セブン＆アイはその後4月19日に開いた取締役会で、鈴木会長の退任と、井阪氏のセブン＆アイ社長就任を正式に決めた。カリスマ経営者、鈴木氏は敗北の憂き目に遭った。退任が決まった鈴木氏の処遇についても社外取締役が注文をつけた。鈴木氏の側近が「最高顧問」を提案したところ、社外取締役から「鈴木氏の影響力が残る可能性があり、社会の理解を得られない」と反発の声が出たのである。

「セブン＆アイ・ホールディングスの問題で、社外取締役が企業の内部統制の機能を果たしたことに、私たちは喝采しています」

ある企業の社外取締役はこう話す。東芝やオリンパスといった不正会計では、社外取締役が歯止めの役割を果たせなかった。「社外取締役は役に立たない」と言われ、肩身の狭い思いもあったのだろう。

だが、今回のセブン&アイの人事抗争で、社外取締役が一定の役割を果たした。カリスマ経営者の〝暴走〟に社外取締役が歯止めをかけ、その機能を果たしたとの評価も広がった。

ところが「ことはそう単純ではない」という見方もある。ある関係者は、「今回、社外取締役は、創業者である伊藤名誉会長ら伊藤家の後押しがあったからこそ動けた」と解説する。

伊藤名誉会長を後ろ盾とする「反鈴木包囲網」は巧妙にできあがっていった。ポイントは伊藤家を表に立たさなかったことだ。そして、大株主である米投資ファンド、サード・ポイントさえもうまく利用した。サード・ポイントは3月末、国内外の複数のメディアを集め、セブン&アイの取締役に書簡を送ったことを明かした。

書簡では、井阪氏退任の人事案に反対するとともに、「鈴木氏が、ご子息である康弘氏を将来の社長に就ける道筋を開くといううわさも耳にする」ことも書かれていた。鈴木氏の次男、康弘氏はセブン&アイの取締役だ。

伊藤家側に立つ者が鈴木氏の「世襲問題」を言い出せば、両者の泥仕合になりかねない。伊藤名誉会長の次男も、セブン&アイの取締役なのだ。ところが、外国人大株主が言い出しっぺになることによって、鈴木氏の「世襲問題」が自然な形でクローズアップされたのだ。

指名・報酬委員会が舞台となって、社外取締役が人事案への反対を主張したことも巧妙だった。コトは、伊藤雅俊氏と鈴木敏文氏の対立ではなく、〝83歳の老カリスマ経営者の暴走〟を抑える、企業の内部統制の問題になったからだ。

今回の一件が企業統治や内部統制といった問題とはそもそも質の異なる人事抗争だったと解説する関係者は、人事案を否決した取締役会の投票が、無記名だったことをあげる。無記名投票の結果、賛成7、反対6、白票2で、賛成が過半数を超えず、人事案は否決された。

企業の取締役は、取締役会の議決に対して意思表示して経営判断を行う。判断を誤って会社に損害が生じれば責任を負う。企業統治や内部統制を確立する立場から言うと、重要な人事案の投票が、無記名であったり、経営判断を避ける「白票」で決着したりしてはならない、というのだ。

## 3　株主総会でセブン鈴木氏、万感の退任

鈴木氏と井阪氏をめぐる前代未聞の人事抗争が正式に決着したのは、5月26日に開かれたセブン&アイ・ホールディングスの株主総会だった。鈴木氏が役職を退き、井阪氏が社長になる役員人事案が賛成多数で可決された。

「カリスマ引退」の株主総会は、午前10時、鈴木氏の側近である村田紀敏社長兼COOが議長として演壇中央マイクの前に立ち、開会を宣言した。村田氏も鈴木氏とともに、この株主総会をもって退任することが決まっていた。その村田氏をはさんで向かって左側には鈴木氏が座り、右側には井阪氏が着席した。

3議案のうち、第2号議案が役員の人事案だった。15人いた取締役のうち、鈴木氏と村田氏の2人が退任し、代わりに、セブン-イレブン・ジャパンの社長になる古屋一樹氏もホールディングス取締役に就任する。取締役は14人になる。この議案について、村田氏は

次のように説明した。

「当社は3月、役員の指名手続きの客観性や透明性を確保することなどを目的に、指名・報酬委員会を設置した。同委員会は複数回開催され、人事案の原案について検討したが、結論が出ず、取締役会の審議に委ねることになった」

この原案とは、鈴木氏や村田氏が主導した議案のことだ。井阪氏がセブン－イレブン社長を退任する内容である。そして、村田氏は説明を続けた。

「4月7日の取締役会では、賛成が過半数に達せず、原案は承認されなかった。そして、15日の指名・報酬委員会で新体制案を組成することになり、全員一致で決定した。同19日の取締役会で、全員賛成でその案を承認した」

井阪氏の退任案が取締役会で否決され、その後の協議で、逆に鈴木氏、村田氏が退任することになった。直前まで想像もつかなかった人事案の経過を、村田氏は相当省略した形で説明した。

こうした議案説明の後、株主との質疑に入った。最初に質問に立った株主は、4月7日の取締役会で井阪氏の退任案を否決した際、無記名投票だったことをさっそく取り上げた。この株主は「どの取締役がどういう理由で賛成したのか、反対したのかを明らかにしてほしい」と、取締役全員に質問を投げかけた。

これに対しては村田氏が答弁した。

「取締役はそれぞれの意見に基づき投票した。この方法は弁護士からも違法でないと確認した。その結果として井阪さんの退任案は否決された。今後は『ノーサイド』。全員一体となって経営に当たる。どの取締役が賛成か反対かはわかりません。それを問うことは必要としておりません」

村田氏は井阪氏退任案を提案した側であり、賛成投票をしたはずだ。しかし、この日はそうした過去を振り切るように、強く「ノーサイド」と答弁すると、会場からは「そうだ」の声と、拍手があがった。混乱が長引けば、セブン&アイの株価にも影響しかねない。この拍手からはそういう雰囲気が伝わってきた。

別の株主が質問に立った。「(鈴木氏の)居場所までなくなるのは寂しい。功労者の追い出し方としては許せない」。途中から涙声になった。

引退する鈴木氏は、名誉顧問に就任する。ただ、本社内に執務室があると、鈴木氏の影響力が残る。このため、社長になる井阪氏らの意向で、本社内に鈴木氏の顧問としての執務室は置かないことになった。その点を突いた質問だった。

これに対しても村田氏が答弁した。「鈴木会長と井阪氏らとの間で検討した。最終的に、会長も『自分が本社にいるとやりづらいこともあるだろう』ということで、近くにオフィスを開設して、いつでも役員や社長が相談できるようにしようということになった」

村田氏は、鈴木氏が引退後、まさか本社から追い出されることになるとは夢にも思わなかったに違いない。ただ、隣に座った鈴木氏は、静かにこの答弁を聞いている。淡々とした表情だ。

取締役会で人事案を否決された後の記者会見で、鈴木氏は「獅子身中の虫がいた」と絞り出すような声で語った。そんなことは忘れたかのようだ。鈴木氏の横で、村田氏も、淡々と答弁し、会場から拍手を受けた。前代未聞の人事抗争を、すべて水に流したような形で株主質問が進んでいった。

## 4　企業に求められる説明責任

鈴木氏は、出版取り次ぎ大手、トーハンから転じて1963年にイトーヨーカ堂に入社した。その8年後に取締役に就任して以来、45年間、同社と、持ち株会社として発足したセブン&アイ・ホールディングスの取締役だった。

その鈴木氏にとって、最後になる株主総会。意外な人物が、株主として挙手し、指名を受けた。「株主番号○○番、豊洲でセブン-イレブンを経営している山本です」。74年に開店したセブン-イレブンの国内1号店のオーナー、山本憲司氏である。

「鈴木さんの退任は驚きと同時に寂しい思いだ。43年前からともにやってきた。本当にご苦労様でした。この場を借りて感謝したい」

山本氏は当時、亡くなった父から引き継いだ酒販店を経営していた。イトーヨーカ堂がセブン-イレブン出店を計画しているとの新聞記事を読み、開店希望の手紙を出した。鈴木氏と山本氏は、その店のこたつに入りながら国内で初のコンビニ出店を熱く語り合った仲だ。その山本氏からの発言とあって、鈴木氏がマイクを握った。

「1号店のオーナーさんは24歳の若さで進んでセブン-イレブンに参加していただいた。こちらのオーナーさんに参加してもらわなかったら、今のセブン-イレブンの形がどうだったかと考えている」

鈴木氏は当時41歳。1号店を出す際、周囲は直営店で出店すべきだと主張していた。鈴木氏はそれを押し切って、フランチャイズ方式で山本氏の1号店を出した。それが成功した。今では全国で1万8000店を超す店舗網になった。鈴木氏は言葉少なに話したが、こうしたことを思い出しているのだろう。そして、次のように続けた。

「私自身、会社に（名誉）顧問として残らせていただく。皆さんの助けになることもあれば応援してまいりたい。長い間お世話になりました」

会場から万雷の拍手が鳴り響いた。

さらに、別の株主が挙手し、「鈴木会長にお願いしたい。退任を延ばすことはできないのか。会社が傾いてしまう」と質問した。

鈴木氏は苦笑しながら、もう一度、答弁に立った。「私も年です。十分若い人たちが継いでいってくれるという自信を持てるようになった。今まで以上に会社を伸ばしていくことができる。ぜひご支援をお願いします」

淡々とした発言だった。4月7日の記者会見では、「資本と経営の分離の問題で、こうあってはならぬと感じた」とむせぶような言葉を発した。1カ月半あまり時間が経過し、気持ちの整理がついたのだろうか。

壇上には、鈴木氏の退任要求にあらがい、抗争に打ち勝ってセブン&アイ・ホールディングスのトップに立つことになった井阪氏が座る。そして、創業者、伊藤雅俊名誉会長の次男の伊藤順朗取締役も並ぶ。大きな役割を果たした社外取締役4人も、演壇の後ろの方に並んでいる。いずれも井阪氏退任案に反対した取締役たちだ。鈴木氏が静かに心境を語るのを聞き、ほっとしていることだろう。

そして、新体制の人事案も含め、三つの議案がすべて賛成多数で可決され、鈴木氏が最後に退任のあいさつに立った。

「私が入社した63年の売上高は40億円、店舗は5店舗だった。今日、グループの売上高は10兆円を超す規模になった。多大な支援をいただいたおかげだ。そして、これからは『オムニチャネル』だ。どれだけ（新体制が）力を入れてくれるか。もちろん『力を入れてくれる』と宣言している。それがきちっとできれば、この先も、小売業として日本でNO.1として成長していく」

オムニチャネルはネットと店舗の両方を活用し、顧客に商品を届ける仕組みだ。壇上の左側に座る、鈴木氏の次男、康弘取締役が担当している。親子で力を入れてきた事業である。

「カリスマ」としてセブン&アイに君臨した鈴木敏文氏は、こうして満場の拍手を受け、井阪氏と握手をして総会の場から姿を消していったのである。

セブン&アイの社外取締役が、自らの意見を強く打ち出すことによって存在感を示したことは確かだ。大企業のトップは、今までなら「密室」で決められ、人事抗争があっても簡単に外に漏れることはなかった。それが、社外取締役という経営監視を強める制度によって、トップ選考にあたっての透明性と説明責任が一層求められるようになったのである。取締役会が多数決で社長を選任する。社外取締役は、恣意的で説明のつかない人事に対して、厳しい目を向ける、そんな役割を求められてきたが、それが現実のものになったのだ。

不正会計が発覚した東芝の株主総会では、社外取締役は「役に立たない」と批判された。それから1年経った今、ある裏話を聞いた。旧経営体制のころ、東芝のトップ2人の激しい対立を心配した1人の社外取締役が、両者の仲を取り持とうとして動こうとしたというのである。ところが、それがトップの意に沿わず、再任されなかった、すなわち「クビを切られた」というのだ。

当時の東芝のトップがいかに独善的だったかということを示す一つのエピソードだ。トップの考え方次第では、社外取締役という制度は「骨抜き」になってしまうこともある。

企業に何か問題が生じたときにこそ、社外取締役の行動が問われる。社外取締役は名誉職ではありえない。以前は、経営者同士の「お友達」が社外取締役に就任することもあったが、もはや、そういった感覚では社外取締役として通用しない時代なのだ。

記者会見で引退を発表したセブン&アイ・ホールディングスの鈴木敏文会長（左端）
（東京都中央区で2016年4月7日）

# 第八章

# 東芝は再生への道を歩むのか

## 1 債務超過回避でも綱渡りの経営

「メディカルは3月末のタイミングでディールが成立した。売却先のキヤノン様には深く感謝している」

２０１６年４月26日に行われた原子力事業減損と業績予想修正の記者会見で、東芝の室町社長がこう述べた。記者から「東芝の連結決算での債務超過が回避できたことについて、どう受け止めるか」と質問されたことへの答えである。

「メディカルのディール」というのは、東芝の医療機器子会社、東芝メディカルシステムズの売却のことだ。東芝はすでに3月17日に、キヤノンに６６５５億円で売却することが決まったと発表していた。富士フイルムとの競合で入札価格がつり上がり、当初想定していたよりも高値での売却となった。

この売却をめぐっては、「独占禁止法のすり抜けではないか」との批判の声が出た。東芝は、メディカル社の株式を、医療事業を手がけず独占禁止法の審査対象とならない特別目的会社にいったん移転した。そして、独禁法審査を終えた段階でキヤノンの子会社とする複雑な手法をとったからだ。東芝は売却をなんとしても3月末までに完了させ、売却益を16年3月期で計上させたかった。東芝のこの事情を汲み取ったキヤノン側からの提案だった。

こうしたギリギリのところで、東芝は、なんとか売却益を16年3月期に滑り込ませたのである。売却益は税引き前で約５９００億円が見込まれていたが、税引き後では３８００億円になった。この「３８００億円」がきわめて大きな意味を持つことになった。

記者会見で、記者は室町社長に対し、「東芝単独決算での債務超過はないのか」と重ねて質問した。これに対して室町社長は「東芝単独決算の債務超過は回避できた。私どもとしてはある一定の安心感を持っている。まだまだ財務体質は脆弱なので、強化に向けて全力でまい進したい」と述べた。

室町氏は本当に薄氷を踏む思いだっただろう。それは、この３８００億円も取り込んで、東芝単体の純資産は３７３８億円だったからである。もし、３８００億円を計上できなければ、純資産はマイナス、すなわち、債務超過になってしまう水準だ。東芝ほどの大企業が債務超過になれば、業務を続けていくことがきわめて難しくなる。今の自主再建路線を転換し、銀行への支援要請など、何らかの手を打たなければ生き残れない。銀行からの支援は、簡単に話がまとまるものではない。経営陣にとっては背筋が寒くなるような状況もあったに違いない。

1年前に、東芝単体の純資産は7173億円あった。ところが16年3月期で原子力事業の減損処理が行われ、子会社ウェスチングハウスグループの株式評価損2200億円を計上することになった。さらに、米国の電力システム、パソコン、映像といった各事業の損益悪化で、子会社である東芝アメリカの株式評価損1000億円が生じた。これらの損失を計上したため、純資産が大きく減少したのだ。

東芝の資本金は4399億円で、準備金を加えて4538億円だ。ところが3月末の純資産のほうが800億円少ない。資本金より純資産が少ないこの状況を「資本欠損」という。東芝は長年にわたって蓄えた利益をすべて吐き出し、資本金の一部も食いつぶしてしまったのである。

「資本欠損」は債務超過ほどではないが、財務が相当悪化していることを表している。東芝のような大企業が資本欠損を放置することはできない。「資本欠損」の状況にあるというそれだけで、信用をなくすからである。このため、室町社長は「減資を含めた施策を検討中」と説明した。

そしてその後、６月末の株主総会で、資本金を２０００億円に減らす減資を実施する議案を提出すると発表した。株主総会でこれが承認されれば、資本欠損ではなくなる。ただし減資をして資本欠損の状況から脱するのは、財務上のテクニックにすぎない。東芝の自己資本が非常に厳しい状況にあることに変わりはないのだ。

東芝にはもう医療機器子会社のような、まとまった売却益が見込める事業や資産はない。資本を増やすには、増資をするか、利益を上げて貯めていくしかない。増資をしたいところだが、東芝は今、特設注意市場銘柄に指定されている。株式市場で「バッテン」がついているのと同じだ。そうした最中に増資をすることは無理な相談だ。

利益を積み上げていくしかないのだ。今の状況で、売り上げを増やして利益を積み上げるのはなかなか難しいだろう。となれば、一段のリストラを進めるしかないのではないか。サドンデス（突然死）の危機は乗り越えてきたものの、厳しい状況がこの先も続くことには変わりはない。

## 2 史上最悪の営業赤字

東芝の16年3月期決算は、ゴールデンウィークが明けた5月12日に公表された。この日は東芝本社から数百メートルしか離れていないシャープの東京オフィスでも決算発表が行われた。そして、燃費データ不正が発覚した三菱自動車が、日産自動車の傘下に入るという大きなニュースが早朝から流れ、日産のカルロス・ゴーン社長と、三菱自動車の益子修会長の共同記者会見も夕方に予定されていた。

経済部の記者は大忙しだった。東芝は午後2時10分から。シャープは3時10分から。そして三菱自動車と日産自動車は4時から横浜市内で開かれることになった。とても三つを掛け持ちすることはできない。私は東芝とシャープの会見に出席し、三菱・日産は経済プレミア編集部の部員に任せることにした。

この日の東芝の決算会見は30分間という短い時間で設定されていた。すでに4月26日に原子力事業の減損を発表していた。5月6日には社長交代の記者会見も行った。「もうそんなに聞くこともないでしょ」と言わんばかりである。記者もこの後のシャープや三菱・

日産の会見を気にしてか、そわそわしている雰囲気があった。

それでも、この日の東芝の決算発表には大きなニュースがあった。営業損益の赤字額が7191億円となり、金融機関を除く日本の事業会社では過去最大の連結営業赤字となったのである。1万4000人超の人員整理や事業再編といったリストラに費用がかかった。主力事業の半導体の価格下落も影響した。そして、原子力事業の減損も加わって、これだけの赤字に膨らんだのである。

売上高は前年比7％減の5兆6701億円。3年ぶりに6兆円を割り込んだ。リーマン・ショック直前の08年3月期に東芝は過去最高の売上高7兆2000億円を上げていた。それに比べると1兆5000億円減少した。最終損益は、直前の業績予想とほぼ変わらず4832億円の赤字だった。前年12月の業績予想では赤字額5500億円、そして2月には赤字額7100億円が見込まれていたが、医療機器子会社の売却益を特別利益に計上したため、赤字額は縮小したのである。それでも、東芝141年の歴史のなかで最悪の最終赤字である。

日本の事業会社で史上最悪の最終赤字額は、日立製作所が09年3月期連結決算で計上した7873億円だ。パナソニックも12年3月期に最終赤字7721億円を出した経験がある。同じ電機業界であり、東芝と並び立つ日本を代表する会社だ。長年、韓国や中国企業との競争激化で業績悪化に苦しんできたことも共通する。

ただ、この日立製作所、パナソニックの場合、これだけ大きな最終赤字を出しているものの、営業損益自体は黒字だった。営業損益は本業の実力を示す数字である。東芝の現状がいかに厳しいものであるかが浮き彫りになる。

そして、東芝の連結自己資本は2月4日時点で予想した1500億円より増え、3125億円になった。医療機器子会社の売却益のおかげではあるが、ほっと一息入れられるような数字ではない。自己資本比率は5・8%ときわめて低い水準のままだ。この比率が最低でも二ケタにならないと、「経営危機」のレッテルは外れないだろう。

## 3 決算訂正……会計処理なお混乱?

企業決算が集中した5月の大型連休後から1週間あまり経った5月23日、東芝は急きょ16年3月期決算を訂正する記者会見を行った。売上高は当初の数字に比べて14億円減の5兆6686億円、営業赤字は104億円減の7087億円になった。また、最終赤字も2

32億円減の4600億円に修正された。

決算を訂正することになったのは、ウェスチングハウスを含む原子力事業の「のれん」の減損額を、124億円減の2476億円としたことなど、いくつか理由を挙げている。会計監査を担当している新日本監査法人が、当初の決算発表後に、原子力事業の価値を見直す計算方式について、別の見解を示し、東芝もこれを受け入れたためだという。この結果、自己資本比率は0・3ポイント上昇し、6・1％になった。

東芝の不正会計の発覚を受け、新日本監査法人は金融庁の公認会計士・監査審査会から「運営が著しく不当だった」と厳しい検査結果を出された。そして、東芝の会計監査は、この決算が最後で、後任はＰｗＣあらた監査法人になる。新日本監査法人は、不正会計を見抜くことはできなかったが、監査法人として最後の「意地」を見せたのだろうか。ただし、この訂正により、逆に東芝の決算は少しだけ良い方向に修正された。

企業の決算発表は、最終的で公式の数字と一般的には受け止められているが、企業会計の世界では、有価証券報告書が最終的で公式の数字として取り扱われる。そうした意味では東芝の決算訂正は、会計ルール上は、そう問題視するものではないのかもしれない。ただし、不正会計後の会計処理の混乱がいまだに続いていることを浮き彫りにする出来事だった。

## 4 「特設注意市場銘柄」の不名誉いつまで?

東芝は15年9月、東証から「特設注意市場銘柄」に指定された。この舌をかみそうな名前の制度は、07年に導入された比較的新しいものだ。「有価証券報告書にウソを記載した」「開示すべき情報を隠した」「反社会勢力(暴力団)と不適切な取引を行った」——など、上場企業として、やってはいけない行為をすると、この「特設注意市場銘柄」に指定される。そして、新聞の株価欄では「特設注意市場」と書かれた特別なコーナーに移る。

この制度ができる以前は、悪いことをした企業に対する取引所のペナルティーは、「上場廃止」しかなかった。「上場廃止」は、企業に対する「死刑宣告」のようなものだ。それなりに悪いことをしても、「上場を廃止するほどではない」との結論が出ることがあった。そうした場合、「悪いことをしたのに、なぜ上場を維持するのか」と東証に批判が集まることもあった。

特設注意市場銘柄の指定第1号は、造船・重機大手のIHI(旧石川島播磨重工業)だった。ＩＨＩは不正な会計処理で赤字決算を黒字にするなど、有価証券報告書の虚偽記載をしたとして08年に金融庁から課徴金約16億円の行政処分を受けた。巨額の損失隠しが11年に発覚したオリンパスも、特設注意市場銘柄の経験者だ。

現在まで、特設注意市場銘柄に指定されたのは30社にのぼる。現在、指定中の４社を除く26社のうち、指定が解除されたのは、ＩＨＩとオリンパスを含めて半数の13社。残る13社は上場廃止となった。

ただし、上場廃止になった13社のうち10社は、審査で「廃止」と判断されたわけではない。民事再生手続きに移ったり、有価証券報告書を出せずに上場廃止基準に抵触したり、株式の公開買い付けを行って完全子会社化されたりして、審査の結論が出る前に上場廃止になった。

審査によって上場廃止になったのは３社ある。マザーズ市場、ジャスダック市場、東証２部にそれぞれ上場していた。創業者への不正な資金流出が継続していたり、会社が貸し付け条件を把握していない融資を行っていたり、契約しないまま資金提供していたりしたことが問題にされ、そうした不祥事を起こした構造が、特設注意市場銘柄に指定されても変わらないという審査結果だった。

現在、特設注意市場銘柄に指定されているのは4社だ。東証1部は東芝だけ。東証2部が1社、ジャスダック市場が1社、マザーズ市場が1社だ。東芝以外は一般的に名前が知られた企業ではない。

08年には、上場規則に違反した企業に対する制裁金である「違約金」の制度が設けられた。上場廃止や違約金の処分をされた企業が、自らの言い分を主張する「不服申し立て制度」もできた。

上場企業の粉飾事件は1960年代の山陽特殊鋼事件から12年のオリンパス事件まで後を絶たない。だが、上場企業に対する罰則制度が整備されたのは、ここ7、8年のことだ。

特設注意市場銘柄は、指定から1年後に東証に内部管理体制確認書を提出し、上場維持か廃止の審査を受ける。審査で解除されなければ、半年後にもう一度、提出の機会が与えられる。それでも内部管理体制が十分でないと判断されれば、上場廃止になる。

特設注意市場銘柄の解除をするかどうかの審査をするのは、日本取引所自主規制法人という、あまり知られていない組織だ。東証や大証の委託を受けて、上場審査や上場管理を行っている。9月15日以降に、東芝は東証に内部管理体制確認書を提出する。これを受けて、特設注意市場銘柄を外すかどうかを実質的に審査するのが、この自主規制法人だ。

その自主規制法人が2月、「上場会社における不祥事対応のプリンシプル」という2枚のペーパーを公表した。「プリンシプル（原則）」などと英語を使っているのでわかりにくいが、不祥事の際の上場会社の対応指針だ。

そこには、「不祥事が把握された場合、企業は必要十分な調査により事実関係や原因を解明し、その結果をもとに再発防止を図ることを通じて、自浄作用を発揮する必要がある」と書かれている。自分で不祥事を克服しなさいという大原則だ。

そして、4項目の具体策を示す。（1）不祥事の根本的な原因の解明（2）第三者委員会を設置する場合における独立性・中立性・専門性の確保（3）実効性の高い再発防止策の策定と迅速な実行（4）迅速かつ的確な情報開示──だ。

第1の項目には、具体的に次のように書かれている。「不祥事の原因究明に当たっては、必要な十分な調査範囲を設定の上、表面的な現象や因果関係の列挙にとどまることなく、その背景等を明らかにしつつ事実認定を確実に行い、根本的な原因を解明するよう努める」

東芝の室町社長は3月18日の記者会見で、この自主規制法人の「プリンシプル」を参照し、不正会計が起きた経緯・背景、構造的要因分析を加え、追加防止策を検討したと述べた。ところが東芝が3月15日に公表した「改善計画・状況報告書」はとても、不正会計が起きた背景を分析しているとは言えなかった。

ＩＨＩは、特設注意市場銘柄に指定されてから解除まで1年3カ月、オリンパスは1年5カ月かかった。東芝は9月に内部管理体制確認書を提出し、自主規制法人の審査が始まる。この不名誉な銘柄欄から東芝の名前がなくなるのは、いつのことだろうか。

# あとがき

私は新聞記者になって34年目になる。このうち経済部の第一線でニュースを追いかけていたのは20年弱だ。この間を振り返ると、東芝をほとんど取材したことがない。その訳は、東芝が優良企業だったからだ。

私は経済部では、財政や金融の担当が長く、産業界、とりわけ製造業の担当は半年間を2回、都合1年間という短期間だった。しかも、担当記者ではなく、「民間キャップ」と呼ばれる、産業界担当記者のとりまとめ役だった。そして、キャップとして、何らかの問題があり、大きなニュースが飛び出す可能性が高い企業への取材を優先していた。

しかも、私が産業界を担当した90年代後半から00年代前半にかけては、多くの大企業が過大な借金を抱え、いつ何が噴き出すかわからない状況が続いていた。自然と、ワケあり企業にひんぱんに取材に行った。東芝のような、あまり問題を抱えていなさそうな主要企業にも当然ながら取材を広げなければと思い始めたころに、別の担当に異動になることが繰り返されたのである。

その私が、ニュースサイト「経済プレミア」の編集長となった直後に東芝の不正会計が起きた。それから1年。経済プレミアに連載している「東芝問題リポート」は約70本になる。経済メディアはたくさんあるが、このテーマでこれだけ多くの記事を掲載したメディアはほかにはないだろう。

70本の記事のうち、前半の30本をもとにして前作『東芝 不正会計 底なしの闇』を出版した。思った以上の大きな反響があり、多くの方に読んでいただいた。そして、本が話題になっているちょうど同じ時期に、東芝のリストラが進んでいた。それを、同時進行ドキュメントの形で15本の記事にして、経済プレミアで連載した。「東芝問題リポート」の長期シリーズ「リストラの嵐の中で」である。こちらも多くの反響があった。

この「リストラの嵐の中で」を中心に、東芝問題リポートの連載に大幅に加筆して、構成し直したのが本書である。

前作に比べ、本書の特徴は、ここだけにしか書かれていないことが満載されているということだ。経済プレミア編集部には、匿名、実名で多くの情報がもたらされた。せっかく送ってもらっても、匿名の情報は残念ながら参考にならない。匿名でも連絡先を書いていただくとありがたい。情報の中には「えっ」と息を飲むこともあった。情報の中で、ウラがとれたものを経済プレミアで記事にしていった。ある企業の役員の方を朝6時にたたき起こし、「ウラをとってください」とお願いしたこともある。後で謝ったところ「起きていたから大丈夫」と苦笑された。私は経済部の第一線の取材から離れてかなり月日が経っている。こうした取材をするのは久しぶりだった。そして、多くの方にお世話になり、本当に感謝している。

この間、大型の経済ニュースがこれでもか、これでもかと連発して起きた。シャープが鴻海精密工業の傘下に入る記者会見の取材に大阪まで行って帰ってくると、セブン&アイ・ホールディングスの人事抗争が噴出していた。

東芝の「リストラの嵐の中で」の長期連載の最中に、シャープの記事を3回書き、それを書き終えた直後に、セブン&アイの連載を始める……。とにかく書くことが多かった。そして、セブン&アイの5回の連載が終わる前に、三菱自動車の燃費データ不正が発覚したのだ。

よく、ラグビーの試合を見る。後半、フォワードの選手が疲れ切って、手を膝に置いて肩で息をするシーンを見かける。三菱自動車の不正のニュース速報がＮＨＫで流れたときに、思わずテレビの前で、膝に手を置いて「またか……」とうめいてしまった。そしてそれだけでは終わらず、日産自動車の傘下に入り、スズキでも違法なデータ計測が発覚するという驚きの展開が続いたのだ。

そのたびに、経済プレミアで記事にした。とりあえず、目の前で起き、おかしいと思ったこと、興味をそそられたことを書いた。経済プレミアでそうした記事が本当によく読まれた。

なぜ、これだけ不正や不祥事が相次ぐのか。それだけ、企業が世界的な競争のなかで追い込まれているという気がする。日本だけではない。フォルクスワーゲンといった、世界中に知らない人はいない企業も、不正に手を染めていた。

先日、毎日新聞の経済部長と、「なぜ産業界でこんなにニュースが相次ぐのか」という話をした。私が「１９９７年11月に三洋証券、北海道拓殖銀行、山一証券が破綻したけど、あれ以来かな……」と言うと、経済部長は、「あれは金融危機だから連鎖したけど、今回のは違いますからね」と言う。その通りで、今回の一連のニュースは別々の原因で起きている。ただ、通底する何かがあるのだろう。

経済プレミア編集部は、5人で連日の編集作業をこなしている。デスク役を担う戸嶋誠司・副編集長が私の原稿も見て、整理してくれている。そして、思いもつかない発想から素晴らしい見出しをつけてくれている。本書の見出しもそれを多く活用させてもらった。毎日新聞出版図書第二編集部の山口敦雄・編集長代理には前作に引き続いて担当してもらい、多くの助言をいただき、2冊目の出版にこぎつけた。皆さんに感謝したい。

2016年6月

今沢　真

初出＝本書は、毎日新聞ウェブサイト「経済プレミア」で２０１６年2月から16年6月に連載した
「東芝問題リポート」を元に加筆・編集したものです。

今沢　真（いまざわ　まこと）

1959年東京都生まれ。早稲田大法卒。83年毎日新聞社に入社。静岡支局、東京本社整理本部を経て89年経済部。税・財政や金融政策を担当、銀行、メーカー、流通業を取材する。2013年から論説委員として毎日新聞の社説を執筆。15年6月から経済プレミア編集長兼論説委員。16年『東芝 不正会計 底なしの闇』（毎日新聞出版）を出版。城西大非常勤講師のほか、日大経済学部などで教壇に立つ。

# 東芝（とうしば）　終（お）わりなき危機（きき）

## 「名門（めいもん）」没落（ぼつらく）の代償（だいしょう）

印刷日　2016年6月15日
発行日　2016年6月30日

著者　今沢（いまざわ）　真（まこと）

発行人　黒川昭良
発行所　毎日新聞出版
〒102-0074
東京都千代田区九段南1-6-17 千代田会館5F
営業本部－☎03（6265）6941
図書第二編集部－☎03（6265）6746

印刷・製本　中央精版

ISBN978-4-620-32399-2